태양 에너지 이용기술

일본태양에너지학회 편

solar energy

日本옴사 · 성안당 공동출간

태양 에너지 이용기술

Original Japanese edition
Taiyou Energy Riyou Gijutsu
by Nihon Taiyou Energy Gakkai
Copyright © 2006 by Nihon Taiyou Energy Gakkai
published by Ohmsha, Ltd.

This Korean Language edition is co-published by Ohmsha, Ltd. and SEONG AN DANG Publishing Co.
Copyright © 2012
All rights reserved.

머리말

21세기 초두는 지구환경문제의 부각에 대해서 구체적인 해결책을 입안하고 적극적으로 실시해가는 시기이다.

일본은 1973년 제1차 오일쇼크부터 몇 번의 쇼크를 거치면서 많은 기술혁신 에너지 절약 선진국으로 평가받고 있다. 그러나 태양이나 풍력 등의 자연 에너지를 충분히 이용한 에너지 절약을 도모하고 있다고 하기는 어렵다.

이와 같은 사회적 배경에서 자연 에너지 이용을 더욱 추진하기 위해 일본태양에너지학회에서는 학회설립 30주년 및 국제태양에너지학회 주최로 일본에서 개최된 Renewable Energy 2006 등의 기념행사의 일환으로서 이 책을 기획하였다.

이 책은 기존에 간행된 「태양 에너지 이용 핸드북」(일본태양에너지학회 편)을 기초로 태양 에너지 이용기술의 전체적인 그림을 이해할 수 있고, 초심자도 쉽게 알 수 있도록 설명하는 실무서이다.

태양 에너지 이용의 역사에서부터 태양광 발전의 구조, 이용기술의 주변동향, 그리고 장래전망까지 종합적인 지식은 물론 많은 사례를 보여주고 있다.

이 책은 1~9장으로 구성되어 있으며, 제1장은 태양 에너지 이용의 역사와 지구환경문제, 제2장은 일사·기상의 기초, 제3장은 태양광 발전의 구조, 제4장은 태양열의 이용기술, 제5장은 건축과 주거환경, 제6장은 바이오매스 에너지, 제7장은 광기능 재료의 이용, 제8장은 풍력 에너지, 제9장은 태양 에너지 이용의 장래전망 등을 해설하고 있다.

그러므로 이 책은 자연 에너지 이용에 관심이 깊은 일반인은 물론, 대규모의 건물이나 주택의 설계·시공·관리·운용 등에 종사하는 모든 기술자, 실무가, 자치체의 정책담당자 및 학생들의 참고서로서 역할을 해낼 것이다.

　마지막으로 이 책의 기획편집 및 집필심사 등의 작업을 담당한 여러분들에게 깊은 감사의 말씀을 올린다.

집필자를 대표해서

오하시 카즈마사(大橋 一正)

차례

태양광 발전의 구조

4장 태양열의 이용기술

8장 풍력 에너지

9장 태양 에너지 이용의 장래전망

01

태양 에너지 이용의
역사와 지구환경문제

태양 에너지 이용기술을 이해하기에 앞서, 인류가 이용
해온 에너지원을 불부터 각종 화석연료, 원자력 에너지,
그리고 태양 에너지까지 정리한다. 다음으로, 세계와 일
본의 에너지 사정에 대해서 확인한다. 신에너지에 대해
서는 적극적인 도입이 도모되고 있으며 도입을 진행하
기 위한 법정비도 진행되고 있기 때문에 본 장에서 소
개하고 있다. 또한 지구온난화를 억제하기 위한 국제적
인 노력인 「교토의정서」에 대해서도 그 개요를 설명한
다. 지구환경문제에 대해서 신에너지가 어디까지 공헌할
수 있는가에 대해서 본 장의 마지막에 서술한다.

1.1 태양 에너지 이용의 역사

인류가 처음으로 스스로 제어할 수 있는 에너지로서 손에 넣은 것은 불이라고 한다. 불 그 자체는 화산의 분화, 낙뢰나 마찰열에 의한 산불 등 자연에 존재하지만, 어떠한 기회에 의해 인류는 스스로 불을 만드는 방법을 발견했다. 우리는 성냥이나 라이터에 의해 간단히 불을 손에 넣을 수 있고, "원자력을 이용한 불"까지 밝히게 된 현대에 이르렀다. 그러나 몇 십만 년 이전에는 이미 발생한 불을 이용하는 것은 가능했겠지만 스스로 원할 때 불을 일으키는 것은 어려운 기술이었을 것이라 생각된다.

기원전 5000년경부터 농업시대가 시작되면서 새로운 동력 에너지원으로서 가축이 사용되기 시작했다. 경작이나 운반의 동력에 소를 사용하게 되었고 말을 타고 다니게 되었다.

열에너지를 얻기 위해 주된 역할을 해냈던 것은 나무나 숯이었다. 특히 숯은 연소 시의 수분이나 연기의 방출이 없어 발열량이 클 뿐만 아니라 사용하기에도 편한 연료였다. 숯이 주목받게 되었던 또 다른 가장 큰 이유는 제철업의 발흥이다. 인류의 발달단계를 나타내는 지표로서 자주 도구를 이야기하지만 석기시대, 청동기시대, 철기시대를 지남에 따라 대량의, 양질의 연료를 필요로 하게 되었다. 철광석에서 철분을 추출하기 위해서는 고온을 오랜 시간 지속할 수 있는 연료가 필요하며 그에 적합한 연료로서 숯이 최적이었던 것이다.

제철업이 발전함에 따라 더욱 더 열이나 동력의 에너지가 필요해지게 되어 숯을 대신하는 에너지 자원이 요구되었다. 여기서 등장하는 것이 석탄이며 석유, 천연가스 등 화석연료의 대량 소비시대를 맞이하게 되었다. 18세기 중반의 증기기관의 발명으로 시작된 산업혁명 이후 석탄과 증기의 시대가 되었다. 19세기가 되어 전기나 자기에 관한 기초적인 원리가 이해되면서 전기나 자기는 인간 활동의 모든 부분에서 필요하게 되었다. 석유굴삭기술의 개발이나 가솔린 엔진, 디젤기관의 발명에 의해 석유가 석탄을 대신하는 에너지 자원의 주력이 되어 전력의 지배가 시작되는 20세기가 찾아오게 된다. 석유는 초기에는 주로 조명용의 연료로서 이용되었지만, 백열전등의 등장으로 등화용 석유의 지위를 잃었다. 그러나 내연기관의 출현에 의해 석유는 동력용 연료로서의 새로운 지위를 구축하였다. 자동차나 항공기의 보급이나 석유의 분해·합성 등의 석유화학공업의 발달, 그리고 전력수요의 증대는 석유를 에너지원의 훌륭한 주역으로 만들었다.

또한 20세기에 들어서 원자력 에너지의 이용기술이 개발된 것도 큰 성과였다. 그 최초의 이용을 대량살육과 파괴를 목적으로 한 것은 불행한 일이었지만, 현재는 평화적 이용을 대전제로 에너지 공급의 많은 부분을 담당하고 있다. 그러나 원자력 이용에 있어서는 그 안전성, 폐기물의 처리, 사회적인 이해에 있어서 아직 많은 과제가 남아 있다.

여기까지 인류의 에너지 이용의 역사를 돌아보았다. 그러면 태양 에너지의 이용은 어떻게 진행되어 온 것일까. 먼저 태양은 일출부터 일몰까지의 하루를 설성하는 역할을 맡아 왔다. 그 때문에 태양의 위치로써 시각을 구하는 해시계가 사용되었다. 또한 건조나 일광욕은 어떠한 도구도 필요로 하지 않고 태양광에 의해 실현할 수 있는 것이며, 옛날부터 무의식 중에 이용되어 온 것이다. 또한 태양광에 의해 온기를 얻을 수 있음을 이용하여 건물의 난방에도 이용되었다.

건물의 채광방법에 대해서도 연구가 진행되고 있다. 태양열의 이용기기로서 **태양열 집열기**가 개발되어, 가옥의 지붕에 설치되어 온수를 공급했다. 태양열 발전에 대해서도 일본 및 여러 나라에서 연구되어 일본에서는 기상 조건 등의 이유로 본격적인 도입은 이루어지지 않았지만, 해외에서는 상용 플랜트가 가동을 계속하고 있다. 한편 20세기 중반에 빛 에너지를 전기로 직접 변환하는 **태양전지**가 개발되어, 오랫동안의 연구개발에 의해 효율향상

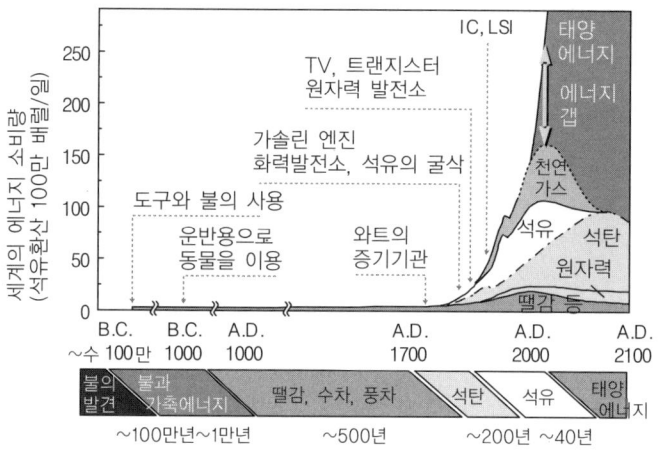

그림 1.1 에너지 소비량의 추이와 예측

이 도모되고 있다. 지금은 주변기기나 전력계통과의 연계기술의 개발에 의해 일반 주택의 지붕에 태양전지를 설치하여 전력의 공급을 행하기에 이르렀다. 그리고 태양 에너지의 간접이용기술로서 풍력 에너지의 이용도 진행되고 있다. 오래 전부터 동력용 풍차로서 보급이 진행되어 왔지만, 최근에는 풍력발전으로서 전력 에너지의 공급을 행하고 있다. 그림 1.1에 에너지 소비량의 추이와 예측을 보였다.

1.2 세계의 에너지 사정

1 세계의 에너지 수요 전망

세계의 1차 에너지 공급은 경제성장과 함께 착실히 증대할 것이라 예측되고 있다. 국제 에너지 기관(IEA)의 전망에 의하면 2030년의 세계의 1차 에너지 수요는 152.7억 TOE(2000년 대비 66% 증가)에 달할 것이라 예측하고 있다. 지역별로 보면, 아시아 지역의 에너지 수요의 증대가 예측되고 있다. 선진지역에서 2000~2030년의 연평균 증가율이 1.0%에 그치는 데 비해 아시아를 중심으로 하는 개발도상지역에서는 2.9%로 거의 3배의 증가율이 예측되고 있다.

에너지원별로 보면 주력 에너지원 중에서 최대의 증가를 보이는 것은 천연가스로, 앞으로 30년간 평균 2.4% 증가할 것이라 예측하고 있다. 한편 석탄, 원자력은 낮은 수요증가가 상정되고 있다. 부문별로 에너지원을 볼 경우, 교통부문에 있어서는 석유가 9할 이상의 점유율을 가질 것이라 예측하고 있다.

발전부문에 있어서는 석유의 비율은 현재 상황에서 반감의 4% 정도로까지 떨어지는 한편 천연가스의 비율이 대폭으로 증가하여, 31%에 달할 것이라 예측하고 있다. 또한 산업부문, 민생부문에서는 전력의 점유율이 증대할 것이라 예측하고 있다.

2 일본의 에너지 수요와 공급의 현재 상황

일본의 에너지 수요는 1970년대까지의 고도경제성장기에는 국내총생산(GDP)보다도 높은 증가율로 증가해왔다. 그러나 1970년대의 두 번에 걸친 석유위기를 계기로 산업부문에서의 에너지 절약화 등이 진행되어, 그와 같은 노력의 결과 에너지 수요를 어느 정도 억제해서 경제성장을 이룰 수 있었다. 그러나 1980년대 후반부터는 석유가격의 저하와 풍요를 요구하는 라이프 스타일 등을 배경으로 에너지 수요는 다시 증가추세로 바뀌었다. 1980년대 중반 이후에는 1998년도와 2001년도에 전년대비 마이너스로 된 것을 빼면, 에너지 수요는 일관해서 증가하고 있다.

부문별로 에너지 소비동향을 보면 석유위기 이후 산업부문이 거의 일률적으로 보합세를 따라 이동되는 한편, 민생·수송부문이 거의 배로 증가하였다. 그 결과 산업·민생·운수의 점유율은 석유위기 당시의 4 : 1 : 1에서 2001년도에는 2 : 1 : 1로 변화하고 있다. 이렇게 해서 일본 전체의 에너지 소비량은 증가를 계속하고 있지만 GDP 당 에너지 1차 공급을 보면 다른 선진국과 비교했을 때 적고, 일본은 높은 에너지 이용효율을 달성하고 있다.

한편 에너지 공급에 대해서는, 일본은 1973년도 당시 에너지 공급의 77%를 석유에 의지하고 있었다.

그러나 1973년에 발생한 제1차 석유위기에 의해 원유가격의 급등과 석유 공급단절의 불안을 경험한 일본은, 에너지 공급을 안정화시키기 위해 석유 의존도를 저감시켜 석유에 대체하는 에너지로서 원자력이나 천연가스의 도입을 촉진했다.

제2차 석유위기(1979년)는, 원자력이나 천연가스의 도입을 더욱 촉진, 신에너지의 개발을 가속시켰다. 그 결과 석유의존도는 2001년도에는 49.4%로 제1차 석유위기시(77%)로부터 대폭 개선되어, 그 대체로서 원자력(13%), 천연가스(13%)의 비율이 증가하는 등, 에너지원의 다양화가 도모되고 있다.

그러나 주요국과 비교할 경우 일본의 석유의존도는 여전히 높고, 석유의 공급지역에 관해서는 중동의 의존도가 최근 또다시 높아지는 경향에 있다. 한편 전기는 안전하고 깨끗하기 때문에 사용하기 쉽고, 가정용 및 업무용을 중심으로 그 수요는 계속 증가하는 추세에 있다. 전력화율은 1970년도에는 25.8%였지만, 2001년도에는 41.6%에 달하고 있다.

③ 신에너지를 둘러싼 동향

"신에너지"는 1997년에 시행된 "신에너지 이용 등의 촉진에 관한 특별조치법"에 있어서, "신에너지 이용 등"으로서 규정되고 있으며, "기술적으로 실용화 단계에 도달하여 가고 있지만 경제성의 면에서의 제약에서 보급이 충분하지 못하므로, 석유 대체 에너지로의 도입을 도모하기 위해 특별히 필요한 것"으로 정의되어 있다.

그 때문에 실용화 단계에 달한 수력발전(수로식으로 1000kW 이하의 것은 제외)이나 지열발전, 연구개발 단계에 있는 파력(波力)발전이나 해양온도차 발전은 자연 에너지이긴 하지만 신에너지로는 지정되어 있지 않다. 신에너지는 이산화탄소의 배출이 적은 것 등 환경에 주는 부하가 적고, 자원제약이 적은 국산 에너지, 또는 석유의존도 저하를 돕는 것으로부터 지속가능한 경제사회의 구축에 기여함과 함께, 신에너지의 도입은 신규산업고용의 창출 등에도 공헌하는 등 여러 가지 의의를 가지고 있다.

2003년 4월부터 「전기사업자에 의한 신에너지 등의 이용에 관한 특별조치법(RPS법)」이 전면 시행되었다. 구미 여러 나라에 있어서는 재생가능 에너지의 도입을 추진하기 위해 전력회사가 판매하는 전력량에 따라 일정 비율의 도입을 의무화하는 새로운 제도(소위 RPS(Renewables Portfolio Standard) 제도 등)의 도입이 시작되고 있지만 일본에 있어서도 2001년 6월에 총합자원에너지조사회 신에너지부회보고서 「앞으로의 신에너지 대책의 방향에 대해서」가 정리되어 그 보고서 안에는 2010년도에 있어서의 신에너지의 도입목표를 원유환산으로 1910만 kl로 설정함과 함께 특히 발전분야에 있어서 새로운 시장확대 조치가 필요하다는 제언이 이루어졌다. RPS법은 이와 같은 상황을 거쳐서 제정된 것이다.

RPS법은 전력의 소매를 행하는 사업자(일반전기사업자, 특정전기사업자, 특정규모전기사업자)에 대해, 그 판매하는 전력량에 따라서, 신에너지 등 전기(신에너지 등에 의해 발전된 전기)를 일정 비율 이용하는 것을 의무화하는 법률이다. 각 전기사업자의 매년도의 이용의무량은 경제산업부 장관이 4년마다 8년 후의 수치까지 정하는 "전기사업자에 의한 신에너지 등 전기의 이용의 목표"를 기초로 결정한다. 이용의무량의 전국 합계치는 2003년도에 32.8억kWh(전국의 판매전력량에 대한 비율로 약 0.39%), 2010년도에 122.0억kWh(전국의 판매전력량에 대한 비율로 1.35%)이 되어, 8년간 약 3.7배로 확대하는 것이 결정되어 있다.

RPS법의 대상이 될 수 있는 에너지원은

① 풍력

② 태양광

③ 지열(열수를 현저히 감소시키지 않는 것)

④ 중소수력(수로식으로 1000kW 이하)

⑤ 바이오매스

의 5종이며, 경제산업부 장관의 인정을 받을 필요가 있다.

또한, RPS법에서는 전기사업자는

① 스스로 신에너지 등 전기를 발전한다.

② 다른 발전사업자로부터 신에너지 등 전기를 구입한다.

③ 다른 발전사업자 등으로부터 "신에너지 등 전기상당량"을 구입한다.

위 세 가지 방법 중에서 가장 유리한 방법을 선택해서 의무를 이행하는 것이 가능하게 되어 있다. 또한 "신에너지 등 전기상당량"이란 신에너지 등 전기의 양에 따라서 사업자간에 거래하는 것이 가능한 양이며, 말하자면 신에너지의 "가치"에 상당하는 것이다. 이 거래에 의해 시장기능을 살리며 신에너지의 도입이 곤란한 지역에 있어서도 의무의 이행이 가능해진다.

1.3 교토의정서와 태양 에너지 이용의 기여

1 지구의 온열환경

인간의 활동이 활발해짐에 따라 최근 지구온난화, 산성비, 오존층 파괴 등의 여러 가지 **지구환경문제**가 생기고 있다. 그 중에서도 인간이 삶을 영위하면서 배출되는 이산화탄소 등의 온실효과 가스가 대기에 축적되는 것으로 일어나는 지구온난화문제는, 그 원인 혹은 영향예측의 어려움 때문에 인류에게 가장 해결하기 어려운 지구환경문제라 할 수 있다. 지구온난화 문제는 산성비 문제 등과는 달라서 특정 생활, 생산활동민이 아닌, 모든 생산활동 즉 사회·경제의 구조에 원인이 있다. 또한 그 영향은 지구상 모든 지역에 미칠 가능성이 있다.

지표나 대기의 온도는 파장이 짧은 태양광의 방사 에너지를 받아서 상승한다. 또한 따뜻해진 지구에서는 우주공간을 향해서 파장이 긴 적외선의 형태로 에너지가 방출된다. 그러나 태양으로부터 받은 모든 에너지가 우주공간에 방출되는 것은 아니며, 그 일부는 대기 중에 포함된 적외선을 흡수하는 기체에 의해 흡수된다. 흡수된 적외선은 모든 방향으로 재방사되어 이것들 중 지표를 향해서 방사되는 부분에 의해 지표면이 따뜻해진다. 이와 같은 대기에 의한 보온효과를 "온실효과"라고 한다.

대기 중에서 적외선을 흡수하는 기체, 즉 온실효과가 있는 기체로서 이산화탄소(CO_2), 메탄(CH_4), 일산화이질소(N_2O), 오존(O_3), 수증기(H_2O) 등이 있으며, 이것들은 "온실효과 가스(greenhouse gases)"들이다. 온실효과 가스에 의한 온실효과는 지구상의 기온을 인류가 생존해 가는데 적당한 온도로 유지하는 역할을 맡아 왔다. 그러나 산업혁명 이래 인류는 삼림벌채,

화석연료의 사용 등에 의해 대량의 온실효과 가스를 배출하고 있으며, 대기 중의 농도는 단기간에 급속히 증가하고 있다. 이 때문에 자연의 균형에 의해 성립된 적정한 온실효과가 붕괴되어 인위적 영향에 의한 온실효과로 지구표면의 온도가 급격히 상승하고, 여러 가지 기후변동을 일으킬 가능성이 커지고 있다(그림 1.2).

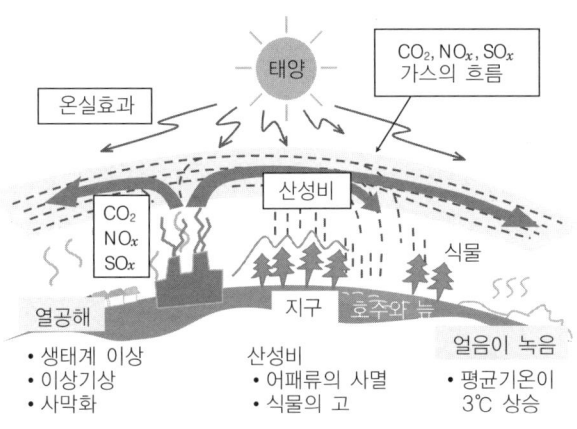

그림 1.2 화석연료소비가 지구환경에 주는 영향

② 지구온난화에 의한 기후변화 · 이상기상의 예측

지구온난화에 의한 주요 기후변동, 이상기상에 대한 변화가 예상되고 있다.

(1) 기온상승

이산화탄소 농도가 상승하여 대기 온도분포가 변화하는 경우, 2100년에는 전 세계적으로 1~5.8K 정도의 평균기온의 상승이 예상된다. 지역적인 차이를 생각해보면 고위도일수록 온도상승이 크고, 육상은 해상보다 빨리 온도가 상승한다. 또한 국지적인 고온, 저온의 상태가 발생하기 쉬워진다. 이러한 변화에 의해 극지방의 설빙면적의 감소나 빙하의 붕괴를 일으킬 가능성이 있다.

대기 중의 온실효과 가스가 2100년까지 안정화된다 하더라도, 해수온도

상승의 지연에 의해 2100년 시점에는 최종적인 기온상승이 50~90%에 그치고, 2100년 이후에도 계속해서 기온이 상승한다.

(2) 강수량 증가

기온상승에 의해 대기 중 수증기량의 증가가 예상된다. 이 때문에 강수분포가 변화하여 국지적인 건조화나 다우 등이 발생하기 쉬워질 가능성이 있다. 온대열대 저기압의 발생빈도가 변화하거나, 장마철 등 우리 생활에 크게 관련된 기상현상의 변화도 예상된다.

(3) 해양의 변화

온난화에 따른 육상의 빙하의 융해나 해수의 팽창에 의해, 해면수위가 50cm 정도 상승이 예상된다. 이에 의해 해발고도가 비교적 낮은 나라들 중에서는 국토를 잃는 나라가 있을 것이다. 또한 엘니뇨 현상과 같은 해수온도 분포의 변화나 해류의 변화 등에 의한 자연생태계에 미치는 영향이 염려된다. 이러한 기후변동은 사회적, 경제적으로 큰 영향을 미칠 것이다. 예를 들어, 세계의 인구가 증가함에 따리 식량이나 수자원의 확보가 점점 곤란해질 것으로 예측되고, 지구온난화에 의해 곡물지대의 건조화, 해안부근의 농경지의 침식 등이 일어난다면 더욱 그 곤란함이 가속될 수 있는 위험성이 지적되고 있다. 또한 기후분포의 변화에 의해 말라리아 등의 열대성의 전염병이 점점 고위도로 넓혀지는 등의 위험성도 커지고 있다.

3 교토의정서(京都議定書)

1980년대에 들어 인간활동에 의한 온실효과 가스 배출에 따른 지구온난화의 위협이 점점 인식되어감에 따라, 각국 정부는 지구온난화의 대책 등에 대해서 적극적으로 의논하게 되었다.

이와 같은 상황에서 지구온난화 방지에 관해 처음으로 정부 차원의 검토의 장으로서, UNEP(United Nations Environment Programme : 유엔환경계획) 및 WMO(World Meteorological Organization : 세계기상기관)에 의해 1988년에 IPCC(Intergovernment Panel on Climate Change : 기후변동에 관한 정부 간 패널)이 설치되었다. 또한 1992년에는

온실효과 가스 배출량의 삭감을 목표로 한 「기후변동에 관한 국제연합 기본 협약(기후변동 기본조약)」이 채택되어, 1997년 12월에 교토에서 개최된 제 3회 체약국회의(COP3 : The 3rd Session of the Conference of the Parties to the United Nations Framework Convention on Climate Change)에서 온실효과 가스 배출 삭감량의 구체적 수치목표가 설정되는 등(교토의정서) 지구온난화에 대한 노력이 활발해지고 있다.

교토의정서에서는 CO_2, CH_4, N_2O, HFC(하이드로 플루오르 카본 류), PFC(퍼 플루오르 카본 류), SF_6(육불화황)의 6종의 온실효과 가스에 대해서 삭감목표가 설정되었다. 목표의 달성기간(제1약속기간)은 2008년부터 2012년까지의 5년간이며, 1990년의 배출량을 기준으로 하여 각국의 배출량 삭감목표가 결정되었다(일본 6% 감, 미국 7% 감, 유럽연합 8% 감, 개발도상국은 삭감의무 없음).

또한 "교토 메커니즘"이라 부르는 국가 간의 협력에 의한 온실효과 가스의 삭감 방법이나 삼림 흡수의 취급 등에 대한 기본적인 규칙이 결정되었다. 교토 메커니즘은 **"배출권 거래"**, **"공동실시"**, **"클린개발 메커니즘"**의 3 방법이다.

배출권 거래는 온실효과 가스의 기준년 할당량보다 실제의 배출량이 적은 국가가 잉여분의 배출량을 배출과잉이 된 국가로 이전하는 제도이다. 공동실시는 선진국 사이에서 공동으로 온실효과 가스의 삭감을 실시하는 경우, 거기에서 생긴 삭감분을 양국이 이용 가능한 것이다.

클린 개발 메커니즘은 선진국과 개발도상국이 온실효과 가스의 삭감 프로젝트를 공동으로 실시하는 경우, 거기서 생긴 삭감분을 삭감목표량으로 계산할 수 있는 구조이다.

교토의정서의 발효를 위해 다음 두 가지 조건을 갖출 필요가 있었다.

① 55개국 이상의 국가가 체결

② 체결한 부속서 I국(선진국, 적극적으로 참가한 나라)의 합계의 이산화탄소의 1990년의 배출량이 전 부속서 I국의 합계의 배출량의 55% 이상

2004년에 후자의 조건이 이루어져 교토의정서는 2005년 2월 16일에 발효했다. 그런데 2006년 3월 현재 세계최대의 이산화탄소 발생국인 미국이 국내사정을 핑계로 교토의정서를 이탈하였다.

지구온난화에 대한 세계의 거래 중, 일본은 교토의정서의 결과, 2010년에 긴급히 추진해야 할 지구온난화 대책으로서, 2005년 4월 28일에 "교토의정서 목표달성계획"을 정부에서 결정하였다. 이 중에서, 목표달성을 위한 대책과 시책의 내용을 살펴보자.

(1) 온실효과 가스마다의 대책, 시책

(a) 온실효과 가스 배출삭감

① 에너지 기원 CO_2 : 기술혁신의 성과를 활용한 에너지 관련기기의 대책, 사무소 등 시설·주체단위의 대책, 도시·지역의 구조나 공공교통 인프라를 포함한 사회경제 시스템을 CO_2절감형으로 변혁하는 대책

② 비에너지 기원 CO_2 : 혼합 시멘트의 이용확대 등

③ 메탄 : 폐기물이 최종처분량의 삭감 등

④ 일산화이질소 : 하수오니소각시설 등에 있어서의 연소의 고도화 등

⑤ 대체 flon 등 3가스 : 산업계의 계획적인 거래, 대체물질 등의 개발 등

(b) 삼림흡수원

건전한 삼림의 정비, 국민 참가의 삼림만들기 등

(c) 교토 메커니즘

해외에서의 배출삭감 등 사업을 추진

(2) 횡단적 시책

국민운동의 전개, 공적 기관의 솔손적 거래, 배출량의 산정·보고·공표제도, 폴리시 믹스(policy mix)의 활용

(3) 기초적 시책

배출량·흡수량의 산정체제의 정비, 기술개발·조사연구의 추진, 국제적 연대의 확보, 국제협력의 추진

4 신에너지의 에너지 채산성과 이산화탄소 삭감효과

신에너지의 채산성에 대해서 태양광 발전 시스템을 예로써 평가한 사례를 소개한다. 태양광 발전 시스템은 발전 시에는 연료가 불필요한 깨끗한 발전 기술이지만, 그 제조단계에서는 다량의 에너지가 사용된다. 이 소비 에너지가 태양광 발전 시스템의 생애 발전량보다 커지면 정미(正味) 에너지 생산량이 마이너스가 되어 유효한 발전기술이 될 수 없다. 또한 지구온난화의 관점에서도 제조단계에서의 CO_2 배출량이 발전에 의해 삭감되는 양을 상회한다면, 오히려 지구환경에 유해한 기술이 되어버린다. 이와 같은 에너지 기술을 라이프 사이클에서 포착한 경우의 에너지 채산성이나 이산화탄소 배출삭감효과를 평가하는 지표가 "에너지 페이백 타임(EPT : Energy Payback Time)"과 "라이프 사이클 이산화탄소 배출원단위(排出原單位)" 이다.

EPT는 제조단계에서 투입된 에너지를 1년간의 운전에 의해 얻어진 에너지로 나눔으로써 얻어지는 지표(연수)이며, 이 값이 기계사용가능 연수보다 작을 경우 에너지 채산성이 확보된다. 또한 "라이프 사이클 CO_2 배출원단위"는 기계사용가능 발전전력량 1kWh당 라이프 사이클에서의 CO_2배출량이며 이 값을 다른 발전기술과 비교함으로써 태양광 발전 시스템에 의한 CO_2배출량 삭감효과를 논하는 것이 가능해진다. 그림 1.3, 그림 1.4에 NEDO의 위탁에 의해 태양광 발전 기술연구조합(PVTEC)이 실시한 각종

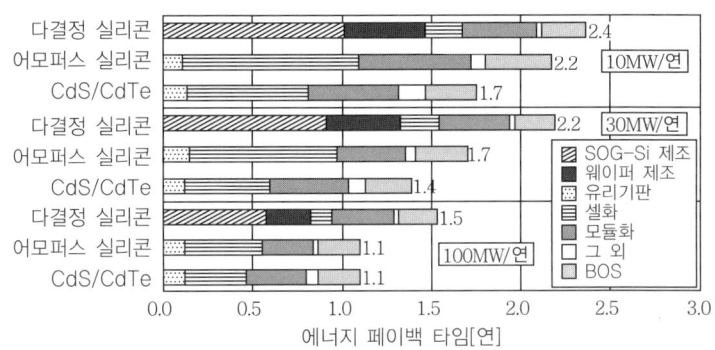

그림 1.3 주택용 태양광 발전 시스템의 EPT 시산 결과

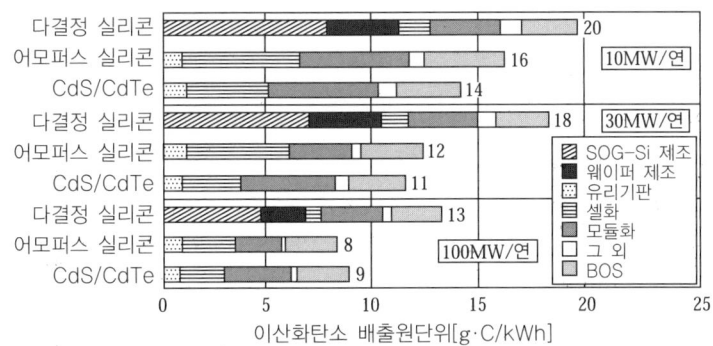

그림 1.4 주택용 태양광 발전 시스템의 라이프 사이클 CO_2 배출원단위 시산 결과

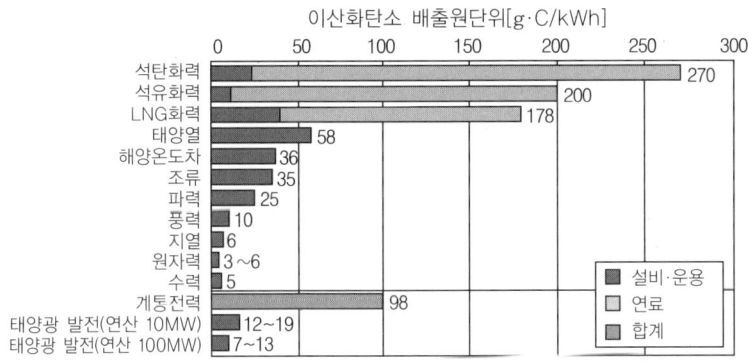

그림 1.5 각종 발전기술 CO_2 배출원단위의 비교

태양전지 모듈을 이용한 주택용 태양광 발전 시스템의 EPT 및 라이프 사이클 CO_2 배출원단위의 분석결과를 보였다.

EPT, 라이프 사이클 CO_2 배출원단위로도 이용하는 태양전지의 종류에 의해 달라지지만, EPT는 대략 1~2년이며, 태양광 발전 시스템의 기대수명인 20년에 비해 매우 짧다. 즉, 태양광 발전 시스템은 설치 후 1~2년에 제조 시에 사용된 에너지를 회수하고, 그 후에는 정미(正味) 에너지 생산을 행하는 것에 의해, 고갈성 자원인 화석연료의 소비를 절감한다는 부가가치를 가지고 있음을 알 수 있다. 또한 그림 1.5는 그림 1.4에 보인 주택용 태양광 발전 시스템의 CO_2 배출원단위를 다른 발전방식의 그것과 비교한 것을 보여 준다. 태양광 발전 시스템의 CO_2 배출원단위는 화석연료 발전의 OC_2 배출원 단위에 비해 훨씬 작다. 그리고 전원구성 전체의 평균 CO_2 배출원 단위와 비교하여도 매우 작다. 그러므로 태양광 발전 시스템은 기존의 전원을 대체함으로써, 지구온난화의 주원인인 CO_2배출삭감에 공헌하는 것이 가능하다는 부가가치를 가지고 있다.

참고문헌

（1） 本間琢也，梶川武信，谷辰夫：エネルギーをつかむ，p.23，講談社 （1977）

（2） 谷辰夫，田中忠良：太陽と賢くつきあう太陽生活入門，パワー社 （1992）

（3） 資源エネルギー庁ホームページ：http://www.enecho.meti.go.jp/，2006年 3月8日

（4） 新太陽エネルギー利用ハンドブック編集委員会：新太陽エネルギー利用ハンドブック，p.61，日本太陽エネルギー学会 （2001）

（5） 石井孝明：平凡社新書218 京都議定書は実現できるのか CO_2 規制社会のゆくえ，平凡社 （2004）

（6） 太陽光発電研究組合，平成12年度 NEDO 委託業務成果報告書「太陽光発電評価の調査研究」(2001)

（7） 太陽光発電システム講習会テキスト，日本太陽エネルギー学会

02

일사·기상의 기초

태양 에너지의 이용에 있어서 일사량이 가장 중요한 기상요소인 것은 말할 필요도 없지만, 태양 에너지 이용 시스템의 설계나 운전효율 등을 생각할 경우에는 그 외의 기상요소에 대해서도 고려할 필요가 있다.

예를 들면, 태양전지의 출력은 태양전지의 표면온도에 의해 변동하며, 그 표면온도는 풍속의 영향도 받는다. 대량도입이 기대되는 주택용 태양광 발전 시스템에서 발생한 전기를 이용한 에어컨의 구동은 기온뿐만 아니라 습도와도 관계가 있다.

또한 태양 에너지 이용 시스템의 대부분은 장기간, 실외에 방치되기 때문에 기상조건은 시스템의 성능이나 내구년수, 유지관리경비와 밀접하게 관계한다.

여기서는 태양 에너지의 이용에 관계가 깊다고 생각되는 기상요소에 대해서 설명하고, 또한 기상청에서 행하고 있는 관측방법 등에 대해서 다룬다.

2.1 기상요소의 개요

1 지상기상관측망

개개의 기상요소의 설명을 하기 전에, 기상청의 지상기상관측망에 대해서 개설한다. 일본 기상청에서는 1875년부터 기상관측을 실시하고 있고, 2005년 10월 현재 106지점의 기상관서(氣象官署) 및 50지점의 특별지역기상관측소(기상관서의 관측에 준하는 관측을 자동으로 행하는 관측시설)에 있어서 기압·기온· 습도·바람·강수·적설·구름·시정·일기·일조·기타 기상현상을 자동 또는 육안으로 관측하고 있다. 이것을 **지상기상관측**이라 한다. 이 책에서는 기상관서와 특별지역지상관측소를 합해서 "지상기상관측소"라 하기로 한다.

또한 국지성이 강한 비, 바람 등의 기상상황을 보다 세밀하게 파악하기 위해서 강수량·풍향·풍속·기온·일조시간의 관측이 자동적으로 행해지고 있다. 이 관측은 1974년 11월 1일부터 시작되어, 2005년 10월까지 약 1300지점에서 강수량의 관측이 행해지고 있다. 이 중 약 850지점에서는 강수량에 더해 풍향·풍속·기온·일조시간을 관측하고 있고, 눈이 많은 지방의 약 280지점에서는 적설의 깊이도 관측하고 있다.

이것을 **지역기상관측**이라 하는데, 일반적으로는 TV나 라디오에서 사용되고 있는 "아메다스"라는 명칭으로 부르는 일이 많다. 이 책에서도 이 관측지점을 "아메다스 지점"이라 하기로 한다. **아메다스(AMeDAS)**란 Automated Meteorological Data Acquistion System의 약칭이다.

또한 지상기상관측소 및 아메다스 지점의 지점일람에 대해서는 일본 기상청 홈페이지(http://www.jma.go.jp/jma/index.html)에 게재되어 있다.

② 일사량(日射量)

2.2절에서 설명하는 것처럼 지표가 받는 일사(日射)에는 태양에서 직접 입사하는 성분(직달일사)과, 대기 중에서 산란된 성분이나 구름 등에 의해 반사된 성분(산란일사)이 있다. 또한 이것들을 합한 지표가 받는 모든 일사를 전천일사(全天日射)라고 부른다. 일반적으로 일사량이라고 하면, 이 전천일사량을 가리키는 경우가 많다.

기상청에서는 전국의 지상기상관측소의 약 4할에 해당하는 67지점에서 전천일사량을 관측하고 있다. 직달일사량의 관측지점은 표 2.1에 나타낸 14지역이다. 이 중 츠쿠바시에 있는 고층기상대(다테노)에서는 이 외에 지면 반사일사량, 방사수지량 및 천공산란일사량 등의 관측도 행하고 있다.

표 2.1 기상청이 행하고 있는 직달일사량의 관측지점

삿포로	네무로	아키타
미야코	와지마	마츠모토
다테노(츠쿠바)	요나고	시오노미사키
후쿠오카	가고시마	시미즈(아시즈리)
이시가키 섬	나하	

현재, 기상청에서 이용되고 있는 전천일사계는 1970년대 처음으로 사용되었던 "바이메탈식 일사계"와 구별해서 "전기식 일사계"라 부른다. 감지부에서 수광한 일사 에너지를 열 에너지로 교환한 후, 열전퇴(열전대의 집합체)의 열기전력(熱氣電力)을 전압출력(電壓出力)한다. 일사계로부터의 출력치는 순시치(瞬時値)이기 때문에 이것을 시간적분함으로써 매 정시의 시간적산일사량으로서 기록하고 있다.

대기상단에 일사한 일사 에너지는 지상에 닿기까지 대기 중에서 흡수산란된다. 즉, 직달일사량을 관측함으로써 대기의 혼촉상태 등을 평가할 수 있다. 직달일사량의 관측은 주로 그와 같은 목적으로 행해지지만, 태양 에너지 이용 시스템에 있어서도 유용한 데이터이다.

현재 기상청에서 이용되고 있는 직달일사량계는 감지부 및 태양추미장치로 구성되어 있다. 감지부는 태양면으로부터의 입사 에너지만을 흑색수광면에서 흡수하여, 열에너지로 변환된 후, 열 출입에 따른 열기전력을 전압출력한다. 감지부는 태양추미장치에 장비되어 항상 태양의 방향을 향하도록제어하고 있다. 그림 2.1에 기상청에서 사용되는 전천일사계 및 직달일사량계의 외관을 보였다.

(a) 전천일사계   (b) 직달일사량계 : 태양추미장치에 탑재된 것

그림 2.1 기상청에서 사용하고 있는 전천일사계 및 직달일사량계의 외관

(사진제공 : 에코정기(주))

3 일조시간(日照時間)

일사량에 관련이 깊은 기상요소로서 일조시간의 관측이 모든 지상기상관측소를 포함한 약 850지점의 아메다스 지점에서 행해지고 있다. 일조시간의 정의로서 WMO(World Meteorological Organization ; 세계기상기관)는 1981년 "일조의 임계값으로 직달일사의 0.12kW/m^2를 채용한다. 가맹국은 측정기의 사양서에 ±20%의 정밀도로 이 임계값을 적용한다"는 것을결정했다. 이것은 조금 흐린 날에 태양에 의해 물건의 그림자가 엷게 나타나는 정도의 일사강도로, 맑은 날의 일출로부터 10분 정도의 밝기에 상당하다. 일조시간이란 그와 같은 일사가 조사(照射)된 시간 수를 말한다. 현재지상기상관측소에서는 이 기준을 만족하는 회전식 일조계 및 태양추미식 일조계에 의해 일조시간의 관측을 실시하고 있다. 또한 아메다스 지점에서는

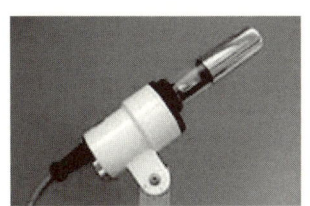
(a) 회전식 일조계
    (사진제공 : 에코정기(주))

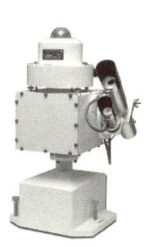
(b) 태양추미식 일조
    계 : 전천일사계를
    병설한 것(사진제
    공 : 에코정기(주))

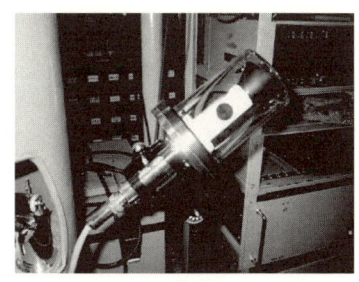
(c) 태양전지식 일조계 : 기상청 홈
    페이지에서 인용

그림 2.2 기상청에서 사용하고 있는 일조계의 외관

태양전지식의 일조계로 일조시간의 관측을 행하고 있다.

일조시간은 일사의 많고 적음을 나타내는 하나의 지표이지만 계절에 따라 태양이 지상에 나타나는 시간수가 달라지는 것, 태양고도도 달라지기 때문에 같은 일조시간이더라도 반드시 에너지량이 같아지는 것은 아니다.

이 때문에 일조시간으로써 전천일사량을 추정하는 몇 가지 모델이 작성되어 있다.[2]

그림 2.2는 기상청에서 사용하고 있는 일조계의 외관이다.

4 기온(氣溫)

기온은 우리 일상생활에 큰 영향을 줄 뿐만 아니라 농작물의 성장에도 관계가 깊다. 일기예보에서도 반드시 소개되어 널리 일반적으로 알려져 있는 기상요소이며, 모든 지상기상관측소를 포함한 약 850지점의 아메다스 지점에서 관측되고 있다.

기온은 대기의 온도를 가리키지만, 지표면 부근에서는 온도변화가 심하기 때문에 WMO의 전지구관측조직 안내서에는 지상 높이 1.25~2.0m의 높이에서 관측하는 것을 기준으로 하고 있다. 일본에서는 지상 높이 1.5m를 기준으로 하고, 눈이 많은 지역에서는 설면상 1.5m의 높이를 유지하도록 측정기의 높이를 조정해서 관측하고 있다.

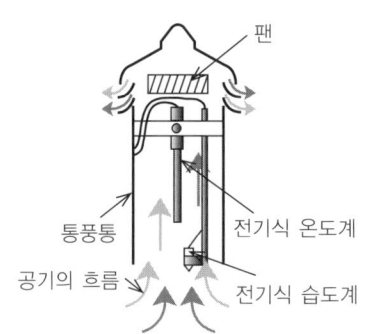

팬

전기식 온도계

통풍통

공기의 흐름

전기식 습도계

(기상청 홈페이지에서 인용)

그림 2.3 기상청에서 사용되고 있는 전기식 온도계의 외관(습도계를 병설한 것)

현재 기상청에서는 "전기식 온도계(백금저항형)"를 이용해서 기온의 관측을 하고 있다. 이 측정기는 온도에 의해 금속의 전기저항이 변화하는 성질을 이용한 것이다. 그림 2.3은 그 외관도이다.

5 습도(濕度)

대기 중에는 수증기가 포함되어 있고, 이 수증기가 구름을 생성해서 비나 눈을 내리게 한다. 습도란 대기 중에 포함된 수증기의 양을 나타내는 지표로서 공기의 건습의 척도이다. 기상학에서는 노점온도(露点溫度)나 혼합비로 나타내는 경우가 있지만, 일기예보 등으로 쓰이는 것은 상대습도이며, 단순히 습도라고 하면, 이 상대습도를 가리킨다.

습도는 기온에 따라서 인간생활에 관계가 깊고 건물이나 공조설비의 설계에 있어서도 중요한 기상요소이다. 습도는 모든 지상기상관측소에서 관측되고 있지만, 그 이외의 아메다스 지점에서는 관측되고 있지 않다.

(1) 노점온도(露点溫度)

습한 공기를 냉각해가면 공기 중의 수증기는 어느 온도에서 응결을 시작해, 이슬이 맺힌다. 이 이슬을 맺는 온도를 **노점온도**라 한다. 기온이 같아도 대기 중에 포함된 수증기의 양에 따라 노점온도는 달라지기 때문에 기온과 노점온도로써 습도를 구할 수 있다. 이 원리를 이용한 것이 염화 리튬 노점

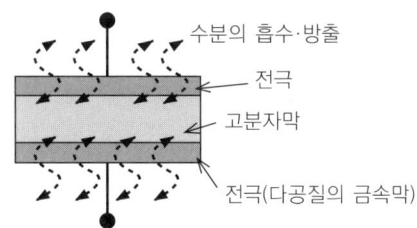

수분의 흡수·방출

전극

고분자막

전극(다공질의 금속막)

(기상청 홈페이지에서 인용)

그림 2.4 기상청에서 사용되고 있는 정전용량형 습도계의 측정원리

계("듀셀"이라는 상품명으로 부르는 경우가 많다)이며, 지상기상관측소에서도 1990년대 중반까지 사용되고 있었다. 현재는 그림 2.4처럼 "정전용량형 습도계"형 장치로 변경되어 있다.

(2) 혼합비(混合比)

단위용적에 포함된 수증기의 질량과 수증기를 제외한 건조공기의 질량의 비를 나타낸 무차원량이다. 습윤공기의 기압을 p, 수증기입을 e로 하면, 혼합비 ω는 다음 식으로 나타난다.

$$\omega = \frac{0.622e}{p-e} \tag{2.1}$$

(3) 상대습도

대기 중에 포함될 수 있는 수증기의 양은 온도에 의존하며 어느 일정량을 넘으면 수증기는 포화해서 물이 된다. 이 온도에 의해 결정되는 수증기 밀도를 포화수증기밀도라 한다. 대표적인 온도에서의 포화수증기밀도를 표 2.2 및 그림 2.5에 나타내었다. 상대습도란, 공기 중에 포함된 수증기 밀도와, 그때의 온도에서의 포화수증기밀도 ρ_s의 비를 백분율[%]로 나타낸 것($\rho / \rho_s \times 100$)이다.

표 2.2 포화수증기밀도의
온도의존성

온도[℃]	포화수증기밀도[g/m³]
0	4.85
2	5.56
4	6.37
6	7.27
8	8.29
10	9.41
12	10.68
14	12.09
16	13.65
18	15.37
20	17.31
22	19.4
24	21.8
26	24.4
28	27.3
30	30.4
32	33.8
34	37.6
36	41.8
38	46.3
40	51.2
42	56.6
44	62.5
46	68.8
48	75.6
50	82.1

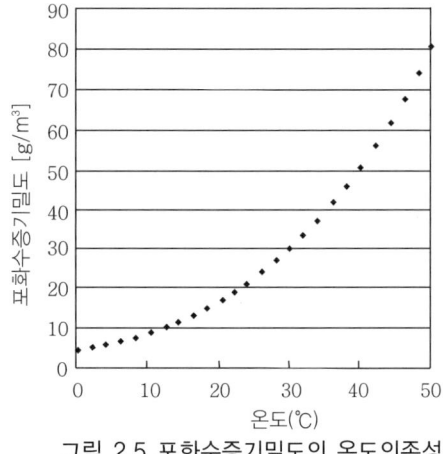

그림 2.5 포화수증기밀도의 온도의존성

6 풍향(風向)·풍속(風速)

바람은 지표면에 대한 대기의 상대적 움직임이며, 방향과 크기를 가진 벡터로서 표현된다. 바람의 방향을 측정하는 것이 **풍향계**, 속도를 측정하는 것이 **풍속계**, 양자를 동시에 측정하는 것이 **풍향풍속계**이다. 기상청에서는 모든 지상기상관측소를 포함한 약 850지점의 아메다스 지점에서 풍향풍속계를 이용한 관측을 실시하고 있다. 그 외관은 그림 2.6과 같다.

강풍은 때로는 건물을 파괴하거나 열차나 선박의 전복사고 등을 일으킨

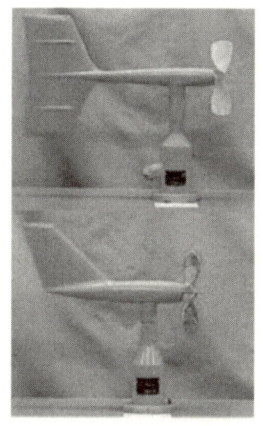

(상 : 기상대에서 사용, 하 : 아메다스에서 사용)

(기상청 홈페이지에서 인용)

그림 2.6 기상청에서 사용하는 풍향풍속계의 외관

다. 이 때문에 바람의 관측치는 리얼 다임(실시간)으로 재해방지나 교통기관의 운행관리에 이용되고 있다. 태양 에너지 이용 시스템을 건설하는 경우에도 해당 지역의 통계자료를 이용한 내풍설계를 행할 필요가 있다.

7 강수량(降水量)

대기 중의 수증기가 응결해 생긴 빗방울, 승화해서 생긴 눈조각 등이 지표에 낙하하는 현상을 강수현상(降水現象), 낙하한 것을 강수(降水)라고 한다. 강수량이란 일정 시간 내에 지표면에 도달한 강수의 양을 가리키며, 물의 깊이로 나타낸다. 눈이나 싸락눈 등은 그것들이 녹은 물의 깊이로 나타낸다.

기상재해의 원인은, 태풍이나 집중호우·뇌우·대설 등에 의한 것이 많다. 그 때문에 기상청에서는 다른 기상요소보다도 조밀한 관측망으로 강수량의 관측을 하고 있다. 즉, 모든 지상기상관측소를 포함한 약 850지점의 아메다스 지점(풍향·풍속, 기온, 일조시간, 강수량을 관측)에 더해, 약 460지점에서 강수량의 관측을 하고 있다.

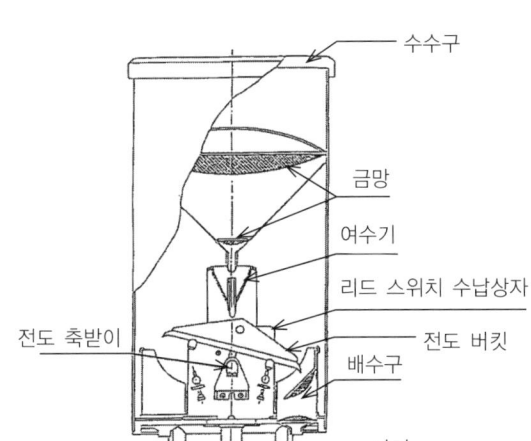

그림 2.7 전도 버킷형 우량계(RT-1)

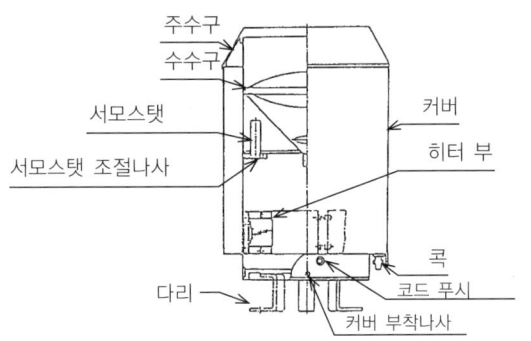

그림 2.8 온수식 전도 버킷형 우량계(RT-3)

강수량의 관측에는 "전도 버킷형 우량계"를 이용한다. 이것에는 온난지용·하계용의 것(RT-1), 적설한랭지용으로서 히터가 붙은 온수식(RT-3), 일수식(RT-4)의 3종류가 있지만, 기본적인 관측원리는 같다. 그 외관의 모형은 그림 2.7~2.9와 같다.

큰 비나 큰 눈은 때로는 인명을 빼앗는 기상재해를 일으키지만, 한편으로는 극단적으로 비가 적으면 농작물의 흉작을 초래한다. 또한 태양 에너지

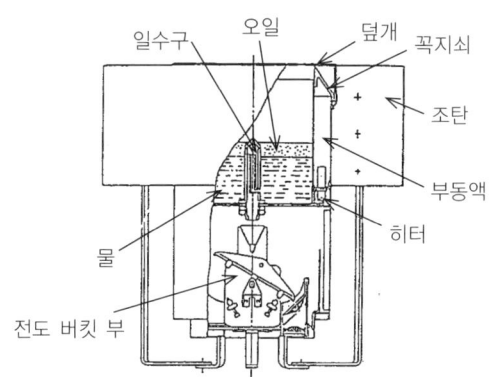

그림 2.9 일수식 전도 버킷형 우량계(RT-4)

이용 시스템에 있어서, 강수현상은 시스템의 효율을 저하시키지만, 강수에 의해 태양전지 모듈 표면에 부착된 오물이 씻겨진다는 보고도 있다.[3]

🎱 적설(積雪)

지표면을 덮고 있는 눈을 적설이라 하며, 그 연직방향의 깊이를 적설의 깊이라 한다. 태양 에너지 이용 시스템에 있어서 수광면에의 적설은 시스템의 효율을 저하시키지만, 한편으로는 설면으로부터의 반사의 영향으로 적설이 있는 경우와 없는 경우의 일사량을 비교하면 적설이 있는 쪽이 큰 경향이 있다.[4] 적설지역에서는 눈의 활락경사각을 고려해서 시스템을 설계하면, 맑을 때에는 무적설 지역보다 큰 효율이 기대된다.

적설의 깊이 관측에 관해서 기상청에서는 1997년부터 순차적으로 종래의 육안관측으로부터 "적설심계(積雪深計)"에 의한 자동관측으로 변경했다. 현재에는 적설이 많은 지역을 중심으로 약 280지점의 관측소에 "적설심계"가 설치되어 있다.

"적설심계"에는 초음파식과 광전식이 있으며, 감지부에서 발사하는 초음파 또는 빛이 설면에 반사해서 감지부에 돌아오는 성질을 이용해서 적설깊이를 구한다. 그림 2.10은 적설심계의 외관을 찍은 것이다. 또한 육안관측으로는 "설척(雪尺)"이라 부르는 cm단위가 새겨진 흰 자를 이용하지만, 눈이 쌓

이는 횟수가 적은 장소에서는 자를 지면에 연직으로 세워서 측정한다.

9 구름

구름은 대기 중에 포함된 수증기가 응결하거나 승화한 것이다. 일사를 가로막고, 강수현상을 일으킨다. 태양 에너지 이용 시스템의 효율을 저하시키는 마이너스 요인이지만, 태양광을 반사하기 때문에 경우에 따라서는 맑은 날보다도 지상에서 관측되는 일사량을 증가시키는 경우가 있다.[5] 태양광 발전 시스템으로부터의 발전량을 예측하는 경우에는, 구름의 상태를 어느 정도의 정밀도로 예측할 수 있는가가 포인트가 된다.

다른 기상요소와는 달리 구름의 관측은 관측원의 육안에 의해 행해진다. 관측항목 등은 표 2.3 및 표 2.4에 나타난 그대로이다.

(a) 초음파식

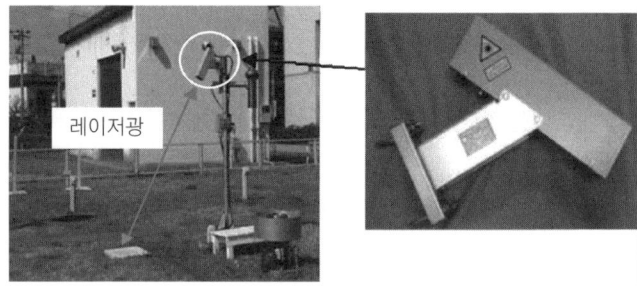

(b) 광전식

그림 2.10 적설심계의 사진(기상청 홈페이지에서 인용)

표 2.3 구름의 관측항목

항목	내용
전운량	모든 구름에 의해 덮여져 있는 부분의 전천공에 대한 비율
구름형태별 구름량	표 2.4에 보인 10종류로 분류된 구름형태별로 그 형태가 차지하는 부분의 전천공에 대한 비율
구름형태	표 2.4에 보인 10종류로 분류해서 관측한다.
구름의 이동방향	구름조각이나 구름덩어리의 진행방향
구름의 높이	지상에서 구름밑바닥까지의 높이
구름의 상태	상층, 중층, 하층마다의 구름의 상태를 부호화해서 표현한다.

표 2.4 10종류의 구름형태와 일본 부근에서 자주 나타나는 고도

층	명칭	기호	일본 부근에서 자주 나타나는 고도
상층	권운	Ci	5~13km
	권적운	Cc	
	권층운	Cs	
중층	고적운	Ac	2~7km
	고층운	As	보통 중층에서 보이지만, 상층까지 넓어지고 있는 경우가 많다.
	난층운	Ns	보통 중층에서 보이지만, 상층 및 하층으로 넓어지는 경우가 많다.
하층	층적운	Sc	지표부근~2km
	층운	St	
	적운	Cu	구름바닥은 보통 하층에 있지만, 구름꼭대기는 중, 상층까지 도달하는 경우가 많다.
	적란운	Cb	

2.2 일사

1 일사(日射)의 정의

태양은 열핵반응에 의해 그 표면에서 6000K에 대응하는 강도의 에너지를 우주공간에 방출하고 있다. 지구의 대기 중에 일어나는 거의 모든 현상은 직접·간접적으로 이 에너지를 기원으로 하고 있다. 좁은 의미로는 태양에서의 방사를 태양방사, 즉, 태양방사가 물체표면(특히 지표면 등)을 조사하는 것을 **일사**라 부르는 경우도 있지만, 최근 태양 에너지에 관련한 내용을 나타내는 것으로서 보다 넓은 의미에서 이용되고 있다. 본 장에서는 후자의 의미로 이후의 이야기를 진행하는 것으로 한다.

태양에서 방출되는 에너지량은 거의 일정하다고 간주해도 좋지만, 지표면이 받는 에너지량은 공간적으로도 시간적으로도 변동하고 있다. 그 원인은 천문학적 요소와 기상학적 요소로 나뉜다.

천문학적 요소로는 지구가 태양의 주위를 1년 주기로 공전하고 있는 것, 지구가 지축의 주위를 자전하고 있는 것으로부터 생기는 규칙적인 변동이다. 이것에 비해 기상학적 요소로는 대기권 내에서 일어나는 여러 가지 대기현상에 의한 불규칙적인 변동을 가리킨다.

2 태양지구간 거리의 연변화

지구는 그림 2.11과 같이 태양을 초점의 하나로 하는 타원궤도 상을 주회하고 있다. 대기 상단에 도달하는 일사의 강도는 태양과 지구 사이 거리의 2승에 반비례하기 때문에 태양과 지구 간의 거리를 알아두는 것은 중요하다.

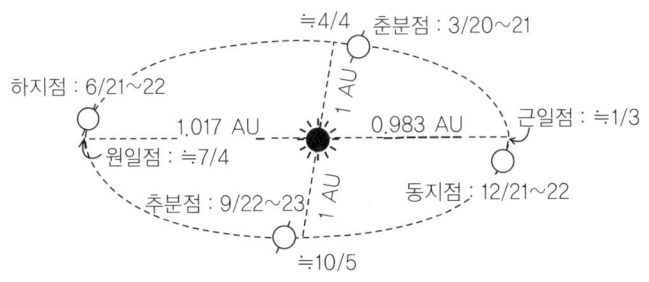

늦4/4 춘분점 : 3/20~21
하지점 : 6/21~22
1.017 AU   0.983 AU   근일점 : 늦1/3
원일점 : 늦7/4
춘분점 : 9/22~23   동지점 : 12/21~22
늦10/5

그림 2.11 지구와 태양의 거리의 연변화[6]

연간의 태양과 지구 사이의 평균적인 거리 r_0을 1천문단위(AU)라고 부르며, 그것은

$$r_0 = 1 \; [AU] = 1.496 \times 10^6 [km] \tag{2.2}$$

이다.

태양과 지구의 거리가 가장 가까운(약 0.983AU) 점을 근일점이라 부르며, 대략 1월 3일이 그 날에 해당한다. 반대로 태양과 지구가 가장 멀어진 (약 1.017AU) 점을 원일점이라 부르며, 대략 7월 4일이 그 날에 해당한다. 태양과 지구의 거리가 1년 동안의 평균적인 거리가 되는 것은, 대략 4월 4일과 10월 5일이다.

엄밀한 계산을 할 경우, 예를 들면 「이과연표」나 「천문연감」에 게재되고 있는 값을 이용하는 것으로 태양과 지구의 거리 r을 보다 정확하게 알 수 있지만, 스펜서(Spencer)[7]가 작성한 식 (2.3)을 이용하면 0.01%의 오차로 임의의 날의 거리 보정계수 E_0를 구할 수 있다.

$$
\begin{aligned}
E_0 &= (r_0/r)^2 \\
&= 1.000110 + 0.034221\cos\Gamma + 0.001280\sin\Gamma \\
&\quad + 0.000719\cos2\Gamma + 0.000077\sin2\Gamma
\end{aligned}
\tag{2.3}
$$

여기서, Γ는 타원궤도 상의 지구의 위치를 래디안으로 나타낸 각도이며, 식 (2.4)로 표현된다.

$$\Gamma = 2\pi(d_n - 1)/365 \tag{2.4}$$

d_n은 1월 1일을 1로 한 1년 중 하루를 나타내는 번호이다. 12월 31일은 365가 된다. 또한 2월은 28로서 다룬다. 윤년이더라도, 그 차이는 매우 작기 때문이다. 이 외에도 보다 간단한 식 (2.5)이 제창되고 있다.[8] 식 (2.5)에 의한 오차는 0.1% 정도이다.[9]

$$E_0 = (r_0/r)^2 = 1 + 0.033\cos(2\pi dn/365) \qquad (2.5)$$

이상 설명해 온 것에 의해 태양과 지구의 거리가 1AU일 때의 방사강도에 거리의 보정계수 E_0를 곱하면 구하려 하는 날의 대기 상단의 방사강도를 산출할 수 있다.

3 태양상수(太陽常數)

태양과 지구의 거리가 평균거리인 때(1AU)의 대기 상단의 방사강도, 즉 태양광선에 대해서 수직인 면에 입사하는 단위면적 당 태양방사 에너지를 태양상수라 한다.

태양상수에 대해서는 20세기 초부터 여러 가지 연구가 행해져 왔다. 당초에는 지상에서의 관측 데이터에 기초한 값이 사용되었지만, 최근에는 로켓이나 인공위성에 의한 관측값이 이용되어, 현재는 1981년 10월에 WMO의 측기관측법위원회(CIMO : Commission for Instruments and Methods of Observation)가 제창한 1367W/m² 라는 값이 사용되는 경우가 많다.

4 태양고도와 일사의 강도

태양상수(1367W/m²)와 식 (2.3)을 이용해서 대기 상단의 일사강도(대기 외 일사강도)의 연변화를 도식화하면 그림 2.12와 같이 된다. 이것에 의하면 대기 외 일사강도는 겨울에 높고, 여름에 약하며, 그 차이는 약 7%에 달한다.

이것은 일본의 지상에서 관측된 일사상황과는 정반대의 경향이다. 이것의 원인은 지축이 태양의 주위를 도는 평면(공전면)에 대해서 약 23.44° 경사진 것에 원인이 있다.

즉, 지축이 공전면에 대해서 경사져 있음으로 인하여 태양과 지구의 거리

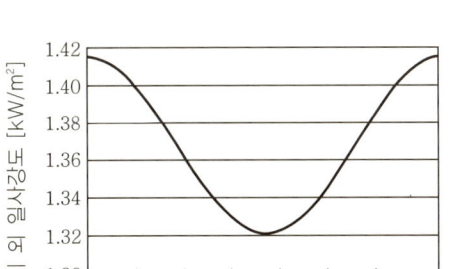

그림 2.12 대기 외 일사강도의 연변화

가 가까워지는 겨울에는 북반구는 태양으로부터 멀어지는 방향으로 기울어 지고, 태양과 지구의 거리가 멀어지는 여름에는 가까와지는 방향으로 기울 어지게 된다. 이것이 지상의 일사강도의 연변화에 크게 영향을 준다.

그림 2.13에서처럼, 태양이 수평면과 h라는 각도를 이루는 위치에 있는 것으로 할 때 이 각도를 **태양고도**(太陽高度)라 한다. 또한 그 보각$(90°-h)$ 을 **천정각**(天頂角)이라 한다. 천정각은 지표면에 대한 태양광선의 입사각이 기도 하다.

태양과 지구는 충분히 떨어져 있기 때문에 태양광선은 모두 평행하게 지 표면에 입사하고 있는 것이라 생각된다. 지금, 태양광선에 수직인 방향에 면적 A_n을 가지는 평면을 생각해서, 그 방사강도를 I_n으로 하면, 이 평면이 받아들이는 방사량은 $I_n A_n$이 된다. 이것에 대해 지표면에는 같은 방사량을 A_n보다도 넓은 A라는 면적으로 받아들이는 것이 된다. 그러므로 지표면에 서의 방사강도를 I로 하면

$$IA = I_n A_n \qquad (2.6)$$

라는 관계가 성립된다. 또한

$$A_n = A \sin h \qquad (2.7)$$

그러므로, 다음 식으로 된다.

$$I = I_n \sin h \qquad (2.8)$$

즉, 지표가 받는 일사강도는 태양고도가 높을수록 커진다. 이것이 지표가

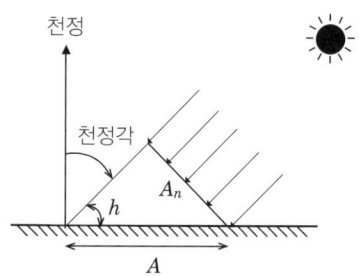

그림 2.13 태양고도와 지표면이 받는 일사강도의 관계

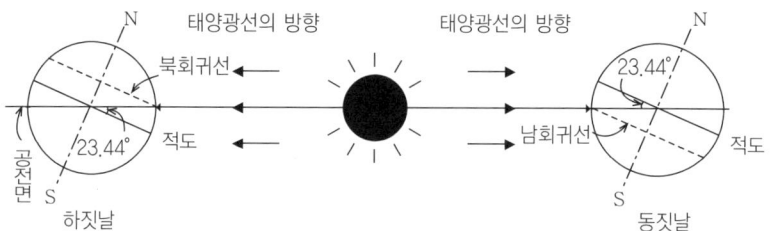

그림 2.14 공전면에 평행한 방향에서 본 하짓날과 동짓날의 태양과 지구의 관계

받는 태양 에너지의 크기를 결정하는 중요한 요인이 된다.

그림 2.4는 공전면에 평행한 방향에서 본 하짓날과 동짓날에의 지구와 태양광선의 관계를 모식적으로 나타낸 것이다. 전술한 것처럼, 북반구에서는 하짓날에는 태양에 가까워지는 방향으로 기울어지고, 동짓날에는 태양으로부터 멀어지는 방향으로 기울어지고 있다.

일본 각지의 남중시의 태양고도, 대기 외 수평면 일사강도를 계절별로 계산하면 표 2.5와 같이 된다.

표 2.5 일본 각지의 남중시의 태양고도 및 대기 외 수평면 일사강도

(a) 남중시의 태양고도(단위 : 도)

지점명	위도	춘분(3/21)	하지(6/21)	추분(9/23)	동지(12/22)
삿포로	43° 03.5'	46.9	70.4	46.9	23.5
센다이	38° 15.5'	51.7	75.2	51.7	28.3
도쿄	35° 41.2'	54.3	77.8	54.3	30.9
오사카	34° 40.7'	55.3	78.8	55.3	31.9
후쿠오카	33° 34.8'	56.4	79.9	56.4	33.0
나하	26° 12.2'	63.8	87.2	63.8	40.4

(b) 대기 외 수평면 일사강도(단위 : kW/m²)

지점명	위도	춘분	하지	추분	동지
삿포로	43° 03.5'	1.01	1.25	0.99	0.56
센다이	38° 15.5'	1.08	1.28	1.07	0.67
도쿄	35° 41.2'	1.12	1.29	1.10	0.73
오사카	34° 40.7'	1.13	1.30	1.12	0.75
후쿠오카	33° 34.8'	1.15	1.30	1.13	0.77
나하	26° 12.2'	1.24	1.32	1.22	0.92

5 가조시간(可照時間)

지금까지는 일사 중 단위시간의 "일사강노"에 대해서 설명했지만, 에너지로서의 가치를 검토하는 경우에는 일사강도를 시간적분한 **"일사량"**이 중요하게 된다.

일사량은 천후에 좌우되지만 맑은 경우에도 지축이 공전면에 대해서 기울어져 있음으로 인해 계절변화한다.

장해물이 없는 경우의 일출부터 일몰까지의 시간을 가조시간이라 하며 위도 ϕ에서의 가조시간의 개략치는 다음 식으로 구한다.

$$N_d = \frac{2}{15} \cos^{-1}(-\tan\phi \ \tan\delta) \qquad (2.9)$$

여기서, δ는 **태양적위**(太陽赤緯)라 부르며, 남중시에 적도면과 태양이 이루는 각을 나타낸다. 태양적위를 구하는 식에 대해서는 이과연표나 문헌(2)에 자세히 기재되어 있다.

식 (2.9)를 사용하여 일본 부근의 북위 25°, 35°, 45°의 가조시간을 나타

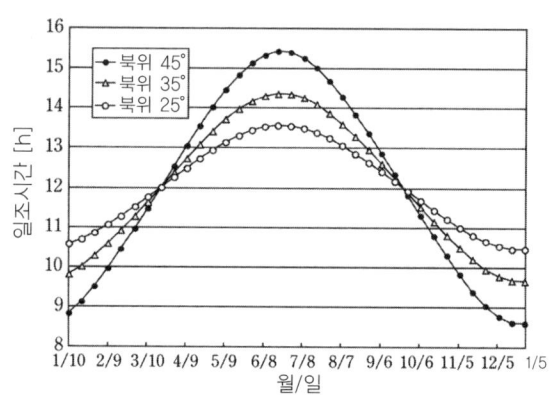

그림 2.15 위도에 따른 가조시간의 연변화

내면 그림 2.15와 같이 된다. 북으로 갈수록 여름의 가조시간이 긴 것이 특징적이다. 북쪽에 위치한 나라들의 태양 에너지 이용 시스템의 도입이 기대된다.

6 일사수지(日射收支)

우주공간을 전해 온 일사(日射)는 대기권에 돌입하면 대기물질에 의한 흡수와 산란의 영향을 받는다. 또한 일부는 지구의 표면이나 대기 중의 물질에 의해 반사되어 우주공간으로 돌아간다. 그림 2.16은 대기 중의 일사수지

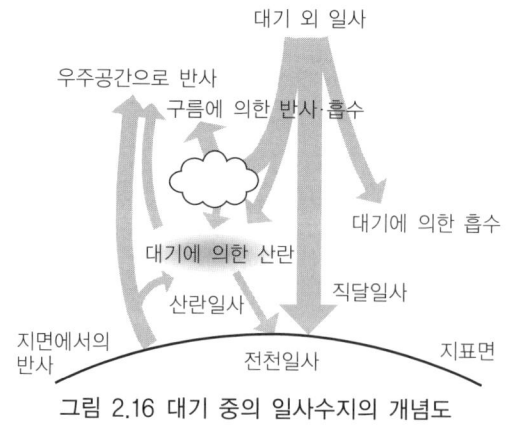

그림 2.16 대기 중의 일사수지의 개념도

의 개념도이다.

지표가 받는 일사 중, 태양에서 직접 입사하는 성분을 **직달일사**라 부르고 대기 중에서 산란된 성분이나 구름 등에 의해 반사된 성분을 **산란일사**라 부른다. 이들을 합한 지표가 받는 모든 일사를 **전천일사**라고 한다.

대기 외 일사는 모두 직달일사이지만, 대기 중을 통과하는 중에 대기 중의 여러 가지 성분에 의해 태양광은 복잡한 상호작용을 받는다. 그 중 가장 영향이 큰 것은 구름의 존재이다. 구름은 일사를 가로막는 것뿐만 아니라 태양광의 위치관계에 따라 산란일사를 증대시킨다. 또한 구름의 종류에 의해서도 그 영향은 가지각색이다.

구름의 존재 이외에 일사변동에 영향을 주는 주 요인으로서 대기와 에어로졸(대기 중에 확산해서 부유하는 고체 또는 액체의 미립자)에 의한 산란작용, 대기에 의한 흡수작용, 반사작용이 있다. 지표에 도달한 일사의 일부는 반사되어 비슷한 상호작용을 반복한다. 그리고 남은 부분이 최종적으로 지표에 흡수된다. 천공의 모든 방향에서 지표에 도달하는 산란 성분을 **천공산란일사**라 부른다. 천공의 특정부분에서의 산란일사는, 그 부분에서 방사된 성분 외에도 지표로부터의 반사성분이나 천공 외의 부분으로부터의 산란성분으로 구성되어 있다.

⑦ 대기에 의한 일사의 감쇠

대기의 상단에 도달한 일사는 지표에 도달하기까지 크게 나누어 2개의 요인에 의해 감쇠한다. 하나는 대기 중에 존재하는 공기분자나 에어로졸(부유입자)의 영향에 의한 것, 다른 하나는 구름에 의한 감쇠이다.

이것들의 과정은 매우 복잡하며, 자세한 것은 대기방사에 관한 전문서를 참고하는 것으로 하며, 여기서는 태양 에너지 이용 측면에서 기본적 내용을 기술하는 것으로 한다.

잘 알려진 것처럼 태양의 빛은 여러 가지 파장역을 가진다. 파장마다의 일사강도의 분포를 일사 스펙트럼이라 부른다. 표 2.6은 대기 외 일사 스펙트럼을 보인 예이다. 태양 에너지의 약 반은 가시역에 분포하고, 그것과 거

표 2.6 파장대별로 본 대기 외 일사 스펙트럼의 분포

	파장[μm]	방사강도 [W/m²]	태양상수에 대한 백분율(%)
자	0.390~0.455	108.85	7.96
청	0.455~0.492	73.63	5.39
녹	0.492~0.577	160.00	11.70
황	0.577~0.597	35.97	2.63
오렌지색	0.597~0.622	43.14	3.16
적	0.622~0.770	212.82	15.57
자외선	<0.4	109.81	8.03
가시광선	0.390~0.770	634.40	46.41
적외선	>0.77	634.40	46.40

의 같은 에너지량이 적외역에 분포하고 있다. 자외선 영역에 분포하는 에너지량은 적다. 태양 에너지의 약 95%는 0.3~2.4μm의 사이에 분포하고, 4.0μm 이상의 파장에서는 1%의 에너지량 밖에 분포하지 않는다.

대기에 의한 직달광 감쇠 크기는 파장에 따라 달라진다. 상술한 대기 외 일사 중, 파장 λ_0의 강도를 $I_{\lambda 0}$으로 하면, 지상의 강도 I_λ는 Lambert's law(Bouguer's law)에 의해

$$I_{\lambda n} = I_{\lambda 0} \exp(-k_\lambda m) \qquad (2.10)$$

으로 주어진다.

여기서 k_λ는 소산계수라 부르는 것으로, 산란과 흡수의 양방의 원인에 관계한다. m은 대기노정(에어매스)이라 부르며, 일사가 대기 중을 통과하는 거리를 나타낸다. 하첨자 n은 직달광에 대해 수직인 면의 입사를 의미한다.

소산계수 k_λ는 여러 가지 요소로 구성된다. 이 요소를 크게 나누면 대기를 구성하는 분자, 오존, 에어로졸, 수증기, 기타 가스이다.

에어매스 m을, 일본어로는 대기노정이라고 부르고 있으며 대기 상단에 도달한 직달일사가 지표에 도달하기까지 통과하는 공기량으로, 표준대기압 (1013 hPa) 지점의 에어매스 m_0은 아래 식으로 정의된다.

$$m_0 = \int \rho ds / \int \rho dz \qquad (2.11)$$

여기서, ρ는 일사의 노정에 따른 대기를 구성하는 각 요소의 밀도를 나타

낸다. dz는 천정방향의, ds는 직달일사의 입사각도에 따른 노정을 나타낸다 (그림 2.17 참조). 태양이 천정에 있을 때, 에어매스 m_0는 1이 되며, 태양이 경사질수록 큰 값이 된다.

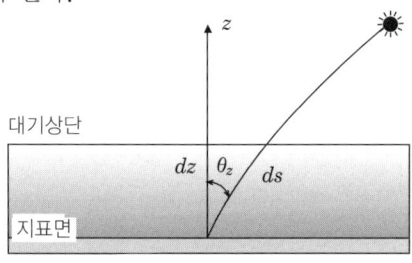

그림 2.17 에어매스의 개념도

여기서, 대기가 균질하고, 굴절을 일으키지 않는다고 가정하면 식 (2.11)은 간단히

$$m_0 = \sec(\theta_z) \qquad\qquad (2.12)$$

로 표기할 수 있다.

θ_z는 직달과의 입사각도(천정각도)이며, 태양고도를 h로 한 경우,

$h = 90° - \theta_z$인 것으로부터

$$m_0 = \mathrm{cosec}(h) \qquad\qquad (2.13)$$

이 된다.

실제로는 대기에는 고도에 따른 밀도분포가 있기 때문에 태양고도가 낮은 경우에는 식 (2.13)에 의한 오차가 크게 된다. 이것들을 고려한 것이 식 (2.14)이다. 식 (2.13)과 식 (2.14)로 구한 에어매스 m_0의 비교를 나타낸 것이 그림 2.18이다.

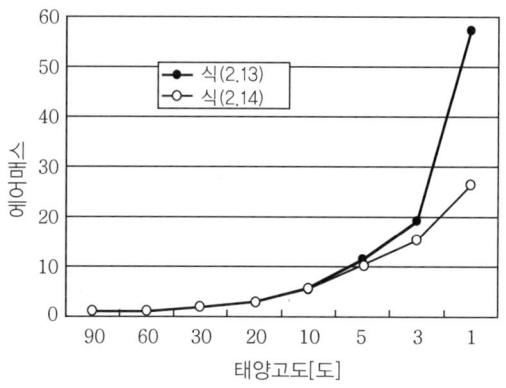

그림 2.18 식 (2.13)과 식 (2.14)로 구한 에어매스 m_0의 비교도

$$m_0 = [\sih h + 0.15(h+3.885)^{-1.253}]^{-1} \qquad (2.14)$$

당연하지만, 지상 높이가 높은 장소일수록 에어매스가 작아진다. 이와 같은 고도에 의한 보정은 아래 식으로 구한다.[10] 식 (2.10)으로 나타낸 것처럼 일사의 감쇠는 에어매스가 클수록 커진다. 맑은 날 높은 산에서 햇살이 강한 것은, 일사를 감쇠시키는 대기가 얇기 때문이다.

$$m = \eta m_0 \qquad (2.15)$$

$$\eta = p/1013 \qquad (2.16)$$

그림 2.19는 청정한 공기를 가정한 경우의 지상의 법선면 직달일사의 스펙트럼 분포와 비교를 한 것이다.[6]

대기 외 일사의 아래에 있는 곡선은 공기분자의 산란에 의한 감쇠이며 그 아래에 있는 검은 부분의 흡수작용을 받아, 최종적으로는 제일 아래의 곡선으로 나타난 스펙트럼 분포가 지표에서 관측되는 것이 된다. 단파장 측에서는 공기분자에 의한 감쇠, 장파장 측에서는 수증기와 가스에 의한 감쇠가 현저하다. 에어로졸의 영향이 더해지면, 단파장 측의 감쇠가 증가하는 것이 된다.

그림 2.19와 같이 구름이 없는 경우의 직달일사의 스펙트럼 분포는, 대기의 상태를 안다면, 비교적 용이하게 추정할 수 있다. 그러나 하늘에는 구름

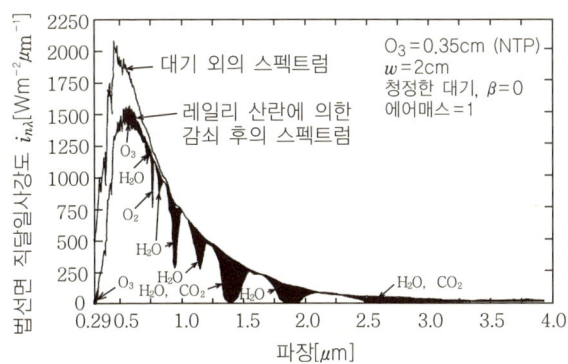

그림 2.19 대기주의 여러 성분에 의한 흡인작용[6]

이 떠있는 경우가 많고, 스펙트럼 분포는 여러 가지로 변화한다. 그 이유는 구름의 상태가 다종다양하면 동시에 변화가 심해지기 때문이다. 예를 들어 얇은 구름의 경우, 일사는 구름을 투과해서 지표에 도달할 뿐만 아니라 태양과이 위치관계에 따리 맑은 날보다도 지표의 일사강도를 증대시키는 것이 보고되고 있다.[5] 또한 두꺼운 구름의 경우에는 일사가 전혀 통과하지 않고, 지상에는 산란일사만이 도달한다. 지상에 설치된 태양선지로부터의 출력은, 엄밀히는 이와 같은 스펙트럼 분포에 의존한다.

2.3 태양 에너지의 이용 시스템을 위한 일사관련 데이터

태양 에너지의 이용 시스템의 계획·입지·설계 등의 기초자료로서 일사관련 데이터는 빠뜨릴 수 없다. 게다가 기상상황은 연중 변동하기 때문에 안전설계를 위해서는 장기간에 걸친 일사관련 자료를 수집·정비해둘 필요가 있다. 그것을 위한 여러 연구가 실시되어 상세한 일사 데이터가 수집되고 있지만 여기서는 일반적으로 입수 가능한 일본 내의 일사관련 데이터에 대해서 소개한다.

또한 기상 데이터의 이용에 있어서는 통계기간이나 관측기기의 종류, 사용되고 있는 단위 등에 주의를 할 필요가 있다. 또한 정비된 데이터 중에는 실측 데이터가 아닌 모델을 이용한 추정치가 포함되어 있는 경우가 있다. 그와 같은 경우에는, 모델의 특징을 이해한 뒤에 사용하는 것이 중요하다.

■ 기상청의 관측 데이터

기상청에서는 전국의 지상기상관측소(기상대, 측후소)의 약 4할에 해당하는 67지점에서 전천일사량의 관측을 하고 있다. 이 중, 14지점에서는 직달일사량의 관측도 하고 있으며, 츠쿠바에 있는 고층기상대에서는 이 외에 지면반사일사량, 반사수지량 및 천공산란일사량의 관측을 하고 있다.

또한, 지상기상관측소를 포함한 약 850지점의 아메다스 지점에서 일조시간의 관측이 행해지고 있다. 이들 데이터는 기상청으로부터의 간행물로 공개되고 있다. 또한 최근의 데이터에 대해서는 전자화되어 기상업무지원센터(도쿄도 지요다구 ; http://www.jmbsc.or.jp)에서 입수할 수 있다.

② NEDO에서 공개하고 있는 일사관련 자료

선샤인 계획 및 뉴 선샤인 계획 등의 일환으로, 표 2.7과 같은 데이터가 (재)일본기상협회에 의해 정비되고 있다. 수록된 데이터는 상기의 기상청의 관측 데이터를 기초로 한 통계치 및 추정치이다.

일부 데이터는 NEDO(독립법인 신에너지산업기술 총합개발기구)의 홈페이지(http://www.nedo.go.jp)에서 다운로드할 수 있다.

여기서는 이용빈도가 많은 이하의 두 가지 데이터에 대해서 개설한다.

표 2.7 NEDO에서 공개하고 있는 일사관련자료의 예

데이터의 내용	정비연도
전국 155지점의 각종 월평균일 적산일사량 데이터	1980년도
전천일사량 맵(1980년판)	1982년도
일본의 일사기후구분도	1985년두
선국 255지점의 각 월 및 연간 추정사면 일사량표 : MONSOLA87 (255)	1986년도
전국 기상관서 100지점의 시간적산 일사량의 도수분포 자료의 정비 (수평면 및 경사면)	1993년도
전천일사량 맵 (1990년판)	2000년도
전국 801지점의 각 월 및 연간 추정사면 일사량표 : MONSOLA00 (801)	2000년도
전국 152지점의 시간적산 사면일사량 데이터 (METPV-2)	2000년도

(1) MONSOLA00 (801)

태양 에너지 이용 시스템에 있어서 유용한 월평균 일적산사면일사량 데이터를 전국 801지점의 아메다스 지점에 대해서 정비한 것이다.[11] 다음의 사면일사량이 정비되어 있다.

　　방위각 : 정남에서 정북까지 15°마다 13방위

　　경사각 : 10°~90°까지 10°마다 9경사

즉, 각 지점에 대해서 13×9=117종류의 사면일사량이 월별로 정비되어 있다. 각 자치체의 신에너지 비전 정책이나 태양광 발전 시스템의 개략설계용의 데이터로서 널리 이용되고 있다.

또한 MONSOLA라는 명칭은 Monthly mean solar radiation data throughout Japan에 유래하고 있으며, 00 (801)은 정비년(2000)과 정비지점(801지점)을 가리킨다.

(2) METPV-2

일분 전국 152지점의 지상기상관측소에 대해서 태양광 발전 시스템으로 출력예측에 있어서 중요하다고 여겨지는 매시의 기상요소 1년분을 정비한 것이다.[11] 수록되어 있는 기상요소는 다음과 같다. 실측 데이터가 없는 기상요소에 대해서는 추정식을 이용한 추정치가 수록되어 있다.

METPV-2에 수록되어 있는 기상요소 :

수평면 전천일사량, 수평면 직달일사량, 수평면 산란일사량, 일조시간, 기온, 풍향, 풍속, 강수량, 적설심, 사면일사량.

또한, 사면일사량에 대해서는 임의(1° 마다)의 방위각·경사각의 사면일사량이 PC 상에서 간단하게 구해지도록 되어 있다. 이 데이터베이스는 태양광 발전 시스템의 설치예정지점의 시간별 발전량 예측의 추정 등에 널리 이용되고 있다.

또한 METPV라는 명칭은, Meteorological test data for photovoltaic system에서 유래하고 있으며, -2는 버전을 나타낸다. 2006년에는 전국의 아메다스 지점을 대상으로 한 METPV-3이 정비될 예정이다.

METPV-2도 아래 NEDO의 홈페이지에서 다운로드할 수 있다.

(http://www.nedo.go.jp/database/index.html)

3 HASP 표준기상 데이터[12]

"하스프 데이터"라는 명칭으로 알려져 있는 HASP 표준기상 데이터는, (사)공기조화·위생공학회가 건축이나 공조설비 시스템의 운전을 시뮬레이션하기 위해 개발한 동적 공조부하계산 프로그램 HASP/ACLD (Heating,

Air-conditioning and Sanitary engineering Program/Air-Conditioning LoaD)의 입력용 데이터로서 정비한 것이다.

이 데이터는 10년간의 기상 데이터 중에서 각 월의 냉난방 부하가 평균적으로 되는 연도를 월마다 선출하여, 그것들을 인공적으로 이어 맞춘 1년분의 매시 데이터를 편집한 것이다.

(2)항에서 서술한 METPV는 이 HASP 표준기상 데이터를 참고하여 작성한 유사 매시기상 데이터이다.

HASP 표준기상 데이터에 수록되어 있는 기상요소는 다음 7종류이며, 표 2.8에 나타난 28지점의 기상관서에 대해서 정비되어 있다.

이 데이터는 (사)건축설비기술자협회에서 입수할 수 있다.

HASP 표준기상 데이터에 수록되어 있는 기상요소

기온·절대습도·직달일사량·천공산란일사량·구름량·풍향·풍속.

표 2.8 HASP 표준기상 데이터의 정비지점

도쿄	오사카	삿포로	가고시마
후쿠오카	나고야	히로시마	센다이
나하	쿠마모토	아사히카와	네무로
아키다	니이가타	무로란	마츠모토
마에바시	요나고	고치	모리오카
토야마	다카마츠	시즈오카	우츠노미야
후쿠시마	아오모리	히치노헤	야마가타

4 확장 아메다스 기상 데이터 (EA 기상 데이터)[13]

이 데이터는 기상관서의 데이터와 같은 정도의 신뢰성을 목표로 일본건축학회가 개발한 기상 데이터로 전국 842지점의 아메다스에 대해서 20년간 (1981년~2000년)의 매시 기상 데이터, ③항의 HASP 표준 기상 데이터와 같은 양상의 데이터 및 공조설비 설계용 기상 데이터가 정비되고 있다. 또한 그 영어표기인 Expanded AMeDAS Weather Data의 EA를 취하여, EA기상 데이터라고도 부르고 있다.

표 2.9 확장 아메다스 기상 데이터에 수록되어 있는 기상요소

요소	시별치 단위	일별치 총계종류	일별치 단위
기온	0.1℃	일평균치	0.1℃
절대습도	0.1g/kg	일평균치	0.1g/kg
전천일사량	0.01MJ/m²·h	일적산치	0.01MJ/m²·d
대기방사량(하향)	0.01MJ/m²·h	일평균치	0.01MJ/m²·h
풍향	16방위	하루최대풍속시의 풍향	16방위
풍속	0.1m/s	일평균치	0.1m/s
강수량	1mm	일적산치	1mm
일조시간	0.1h	일적산치	0.1h

수록되어 있는 기상요소는 표 2.9에 보인 그대로이다. 실측 데이터가 없는 기상요소에 대해서는 추정식을 이용한 추정치가 수록되어 있다. 결측도 모두 보충되어 이상한 데이터도 결측으로 간주하여 추정치로 대체하고 있다.

데이터는 1매의 DVD와 해설서로 구성되며, 지역별의 기상 데이터와, 필요한 데이터를 불러내기 위한 프로그램, 사면일사량, 주광조도, 지중온도 등을 계산하기 위한 프로그램 류가 수록되어 있다. 프로그램 류는 일본어와 영어로 사용할 수 있다.

원래는 건축환경계획이나 공조설비계획의 사용을 상정하여 개발되었지만, 건축 분야에 그치지 않고, 폭넓은 분야의 학습·연구·실무에의 응용이 가능하다.

이 데이터는 (주)가고시마 TLO에서 입수할 수 있다.

참고문헌

(1)　気象庁：地上気象観測指針（2002）

(2)　新太陽エネルギー利用ハンドブック編集委員会編：新太陽エネルギー利用ハンドブック，p.21～24，日本太陽エネルギー学会（2001）

(3)　太陽光発電懇話会編：太陽光発電システムの設計と施工(改訂2版)，オーム社（2000）

(4)　板垣昭彦，岡村晴美，飯田秀重，山田雅信，佐々木律子：日照時間を用いた時間積算日射量推定モデルの開発，平成17年度日本太陽エネルギー学会日本風力エネルギー協会合同発表会講演論文集（2005）

(5)　板垣昭彦，岡村晴美，吉田作松：時間積算日射量に関する直散分離モデルの開発，平成7年度日本太陽エネルギー学会日本風力エネルギー協会合同発表会講演論文集（1995）

(6)　M. Iqbal : An introduction to solar radiation, Academic Press（1983）から作成

(7)　J. W. Spencer : Fourier series representation of the position of the Sun, Seach p.2～5（1971）

（ 8 ）　J. A. Duffie and W. A. Beckman, Solar : Engineering of Thermal Processes. Wiley, New York（1980）

（ 9 ）　新太陽エネルギー利用ハンドブック編集委員会編：新太陽エネルギー利用ハンドブック，p.2，日本太陽エネルギー学会（2001）

（10）　太陽エネルギー利用ハンドブック編集委員会編：太陽エネルギー利用ハンドブック，p.11，日本太陽エネルギー学会（1985）

（11）　（財）日本気象協会，平成 12 年度新エネルギー・産業技術総合開発機構委託業務成果報告書（2001）

（12）　松尾陽他：空調設備の動的熱負荷計算入門，（社）建築設備技術者協会（1980）

（13）　赤坂裕他：拡張アメダス気象データ，1981〜2000，（社）日本建築学会（2005）

03

태양광 발전의 구조

본 징에서는 태양의 빛에너지를 전기 에너지로 변환하는 시스템으로서의 구조에 대해서 설명한다. 기상의 영향을 받아 시간적으로 변동하는 태양 에너지를 효과적으로 이용하고, 여러 가지 거동을 보이는 부하의 에너지 수요를 만족시키는 것은, 고성능인 태양전지만으로는 실현할 수 없다. 이용 가능한 전기 에너지를 안정적으로 얻기 위해서는 태양전지 이외에도 발전된 직류전력을 교류전력으로 변환하는 인버터나 전력을 저장하는 축전지 등, 시스템 사이드의 총합적 지식을 필요로 한다. 여기서는 태양광 발전의 특징이나 그 핵심인 태양전지의 원리, 시스템의 구성요소 등에 대해서 설명하며, 구체적인 시스템 사례에 대해서 소개한다.

3.1 태양광 발전 시스템의 특징

    에너지 문제와 지구환경문제가 부각되는 중에 차세대 클린 에너지원으로서 태양전지가 주목을 받고 있다. 특히 최근 일본에서는 태양광 발전 시스템에 관한 법제도가 정비됨과 함께, 태양광 발전 시스템을 전력계통에 접속한 경우, 전력회사가 잉여전력을 구입할 수 있게 되어 일반 주택 등의 건축물에의 태양광 발전 시스템의 보급이 크게 진전하고 있다.

    태양 에너지의 이용에는 태양의 빛과 열을 이용하는 방법이 있지만, 태양의 에너지를 반도체의 광전효과를 이용해서 전기 에너지로 변환하는 소자가 **태양전지**이다. 태양전지의 개발의 역사를 표 3.1에 나타냄과 함께 태양광 발전의 주요특징을 다음에 정리하였다.

    ① 태양 에너지는 무한정으로 이용할 수 있는 무상의 클린 에너지이다.

    ② 태양광 발전은 가동부가 없고, 무공해 발전이다.

    태양전지는 빛에너지를 직접 전기 에너지로 변환하기 때문에 터빈이나 발전기와 같은 가동부가 전혀 없다. 그러므로 소음도 배기 가스도 없어서 그야말로 클린한 에너지원이다.

    ③ 보수가 용이하고 자동화, 무인화가 가능하다.

    ④ 필요한 전력이 그 자리에서 발전된다(온사이트 발전).

    태양광 발전의 변환효율은 이용 시스템의 규모에 의하지 않고 일정하며, 필요한 장소에서, 필요한 전력량의 발전이 가능하며, 송전선을 필요로 하지 않는다. 즉, 소비지에서 분산형 발전을 할 수 있다.

    ⑤ 태양전지는 반영구적으로 사용할 수 있고(20년 이상) 수명이 길다.

    ⑥ 흐린 날과 같은 확산광에서도 발전할 수 있다.

표 3.1 실리콘계 태양전지 개발의 역사

연도	개발사항
1954	단결정 실리콘 태양전지(Pearson)
1958	태양전지 적재 인공위성(Vanguard 1)
1973	오일 쇼크
1974	"션샤인 계획"을 시작, 일본, 유럽, 미국에서 국가 프로젝트가 시작됨.
1976	어모퍼스 실리콘(a-Si) 태양전지
1980	세계 최초 a-Si 태양전지의 양산화
1984	태양전지의 일렉트로닉스 제품에의 응용(전자계산기 등)
	세계 최대 7000kW 태양광 발전소(미국)
1987	"PVUSA계획"(미국)
1991	"루프 1000호 계획"(독일)
1992	개인주택용 역조류 있는 태양광 발전 시스템의 실현(일본)
	공공시설 등 용 태양광 발전 필드 테스트 사업개시
	"Solar2000 계획"(미국)
1993	"뉴 션샤인 계획"이 시작
1994	개인주택용 PV 시스템 모니터 제도 개시
	신에너지 도입 대강 책정
1996	"실크로드 제네시스(SRG) 구상" 공표
1997	신에너지 이용 등의 촉진에 관한 특별조치법안
1998	100만 동 솔라 루프 이니시어티브 초안(미국)
1999	건재일체형 태양전지의 방화인정
2000	재생가능 에너지 신법을 제정(독일)
2001	"솔라 아크"완성
2002	「전기사업자에 의한 신에너지 등의 이용에 관한 특별조치법」을 제정(일본)
2004	2030년을 향한 태양광 발전 로드맵(PV2030)

⑦ 태양전지를 구성하고 있는 주원료인 실리콘은 지구상에서 산소 다음으로 2번째로 많은 원소이며 자원량도 풍부하다.

이상과 같은 우수한 장점을 가진 태양광 발전이지만 사용시 다음과 같은 점에서 유의해야 한다.

① 입사 에너지가 희박하다.

태양 에너지는 에너지 밀도가 작으므로 발전 시스템 설계에 맞는 설치면적이 필요하다.

② 기상조건에 의해서 발전량이 변동한다.

③ 출력이 직류전력이다.

④ 축전기능은 없다.

이들 태양광 발전의 특징으로 알 수 있듯이 유한한 화석 에너지에 대한 대체 에너지의 하나로서 기대되는 동시에 재해 시의 라이프 사이클 확보를 위한 전원으로서도 유망하며, 앞으로의 일본의 에너지 보안 향상에 불가결한 에너지 공급기술이다. 앞으로 태양전지의 양산화와 저비용화가 진행될 것으로 생각되며, 2030년까지 누적 도입량 100GW 정도의 발전량으로 가정용 전력의 1/2 정도(전 전력의 10% 정도)가 태양광 발전으로 충당하도록 상정된 로드맵도 보고되고 있다.[3]

3.2 태양전지의 원리

1 발전원리

태양전지란 트랜지스터나 집적회로에서 이용되고 있는 규소(실리콘 : Si)로 대표되는 반도체 재료에 빛이 조사되면 전기를 발생하는 성질 즉 **광전효과**(photovoltaic effect)를 이용한 기술이다. n형 반도체는 광조사에 의해 음의 전하를 가지는 전자를, p형 반도체는 양의 전하를 가지는 정공(正孔 : 전자가 빠져나온 구멍)을 발생하는 성질이 있으며, 두 개의 반도체를 접합하면 그 경계에 그림 3.1에 보이는 것과 같은 에너지의 단차가 생겨 전자는 이 단차에 의해 p→n으로, 정공은 반대로 n→p로 이동하여, 양측의 전극에 수집된다. 이것을 결선하면 전류가 흐르고, 전력을 뽑아낼 수 있는 것이다.

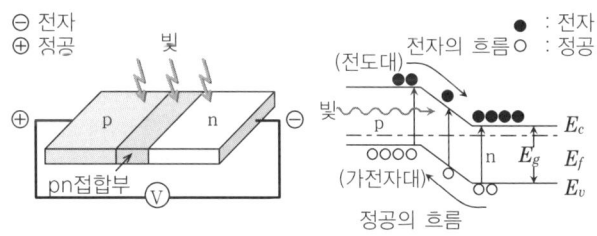

그림 3.1 태양전지의 발전원리

2 태양전지의 종류

태양전지는 사용하는 재료에 의해 실리콘, 화합물 반도체, 유기반도체로 분류되지만, 주로 이용되고 있는 것은 실리콘으로 단결정, 다결정, 어모퍼스 등으로 분류된다. 그림 3.2에는 대표적인 태양전지의 제조방법을, 그림 3.3에는 구조를 나타내었다. **단결정 실리콘 태양전지**는 최초로 개발이 진

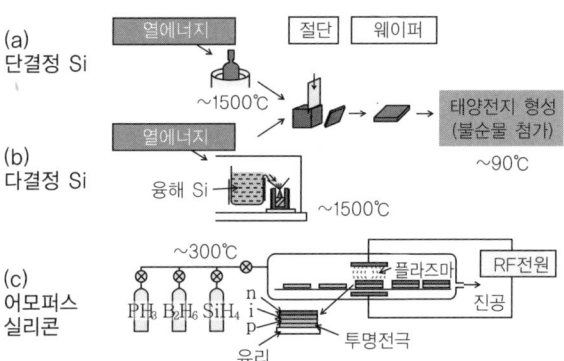

그림 3.2 각종 실리콘계 태양전지의 제조방법

행된 태양전지로, 변환효율도 소면적에서는 20% 이상의 높은 값이 얻어지고 있다. 그러나 IC산업에서 이용하고 있는 실리콘 웨이퍼와 같은 양상의 웨이퍼(그레이드는 다름)를 이용하는 등 재료비용이 들고, 제조공정이 복잡해서 비용이 많이 든다는 결점이 있다.

이것을 개선하기 위해 용융한 실리콘을 주형 중에 고화하고 이것을 슬라이스해서 웨이퍼로 하는 **다결정 실리콘 태양전지**가 개발되었다. 이 다결정 실리콘 태양전지는 단결정 실리콘 태양전지에 비해 변환효율은 다소 떨어지지만 단결정계에 비해 저비용화가 가능하다는 장점을 가진다. 현재 시장에 나오고 있는 태양전지의 주류는 이들 단결정, 다결정 실리콘 태양전지이다. 또한 **어모퍼스 태양전지**는 상기 2종류의 결정계 태양전지에 비해 사용재료 및 제조 에너지가 적다는 것 등의 장점이 있으며, 결정 실리콘계 태양전지에서는 도달할 수 없는 더욱 저비용인 태양전지로서 기대되고 있다.

어모퍼스 실리콘 태양전지는 실란(silane : SiH_4) 등의 가스를 글로(glow) 방전으로 분해하여 유리 등의 기판 위에 체적시키는 박막 태양전지의 대표이다. 그러기 위해

① 제조공정이 간단

② 제조 에너지가 적게 든다(300℃ 이하의 프로세스).

③ 사용원료가 적다(두께 1μm 이하, 단결정 실리콘에서는 약 300μm).

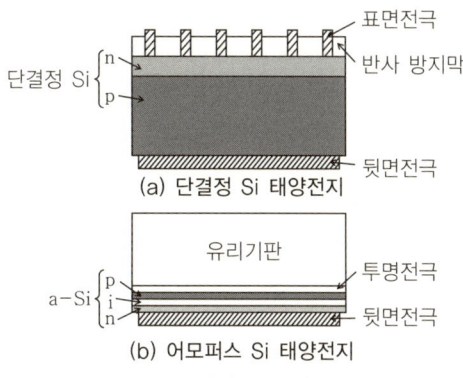

그림 3.3 각종 실리콘계 태양전지의 구조

④ 대면적화가 용이

⑤ 1매의 기판에서 실용적인 임의의 높은 전압을 나오게 하는 어모퍼스 태양전지만의 독특한 집적형 구조를 이용한다.

는 등의 저비용 태양전지로서의 우수한 장점을 가지고 있으므로, 앞으로 더욱 변환효율을 향상시키는 것이 과제이다.

또한 최근에는 박막계 태양전지로서 미결정 실리콘계 태양전지나 $CuInSe_2$ 태양전지(CIS 또는 CIGS 태양전지)에 더해, 어모퍼스와 단결정 실리콘에 의한 HIT 태양전지 등의 무기계(無機系) 재료에 의한 신형 태양전지의 개발도 진행되고 있다.

3 에너지 회수연수

태양전지를 에너지원으로서 평가할 때에는 에너지 회수연수라는 개념이 중요해진다. 에너지 회수연수란 태양광 발전 시스템을 제조하는 데에 필요한 에너지를 몇 년 걸려 태양광 발전 시스템이 발전하는 에너지로 돌려놓는가를 가리키는 지표로 태양전지의 변환효율이나 생산량에 의존한다.

그림 3.4에 어모퍼스 실리콘 태양전지와 다결정 실리콘 태양전지로 시산한 결과를 보였다. 태양전지 생산량의 증가에 따라 에너지 회수연수는 감소한다. 태양전지를 연간 10만 kW 생산하는 경우, 에너지 회수연수는 어느

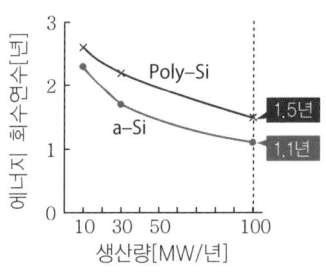

모듈 효율			
생산규모 [MW/년]	10	30	100
a-Si	8.0%	10.0%	12.0%
Poly-Si	11.9%	12.3%	13.2%

출전 : PVTEC「태양광 발전 평가의 조사연구」
2000년도 NEDO 위탁업무 성과보고서

에너지 회수연수 (EPT)＝E_o/E_g

E_o＝태양광 발전 시스템의 제조에 필요한 에너지
E_g＝태양광 발전 시스템이 생산하는 연간 에너지

그림 3.4 에너지 회수연수의 생산량 의존성

태양전지로도 2년 이하의 결과가 얻어지고 있다. 태양전지의 수명은 20년 이상이라 생각되고 있으며, 에너지 회수연수는 이것보다도 매우 짧다. 즉, 태양전지는 에너지적으로 자가증식이 가능하다고 말할 수 있으며, 이것은 태양전지가 새로운 에너지원으로서 매우 유효하다는 것을 의미한다.

4 태양전지의 에너지 변환효율

실리콘계 태양전지의 변환효율의 추이와 앞으로의 예상을 그림 3.5에 나타내었다. 이 20년 동안의 연구 레벨의 소면적 변환효율로는 단결정 실리콘계에서 18%→25%(세계최고치는 24.7%)[6]로, 다결정 실리콘계에서는 12%→20%로, 어모퍼스 실리콘계에서는 5%→14%로 향상되고 있다. 또한 양산 레벨의 실용적인 모듈 사이즈에서는 단결정 실리콘계에서 ~17%, 단결정 실리콘계에서는 ~15%, 어모퍼스 실리콘계에서는 ~12%의 변환효율이 얻어지고 있다.

앞으로는 연구개발이 가속되어 변환효율은 단결정 실리콘계에서 약 27%, 다결정 실리콘 및 어모퍼스 실리콘계에서 20% 정도까지 향상할 것으로 예상된다. 한편, 최근의 생산량 확대에 따라 결정 실리콘계 태양전지에서는 실리콘 웨이퍼의 제조에 이용되는 실리콘 원료의 공급부족이 문제가 되어, 생산량의 확대를 막는 요인이 되고 있다. 이에 대응하기 위한 웨이퍼의 박

형화가 요구되지만, 웨이퍼 박형화에 의해 입사광의 흡수량이 저하하고, 특성이 저하하는 과제가 있다. 그러므로 앞으로는 박형 웨이퍼에서의 고효율화 기술의 개발이 중요해진다.

또한 전술했듯이 최근에는 미결정 실리콘 태양전지, CIS 혹은 CIGS 태양전지 등의 박막계 태양전지에 더해 어모퍼스와 단결정 실리콘에 의한 HIT 태양전지의 고효율화도 진전되고 있다.

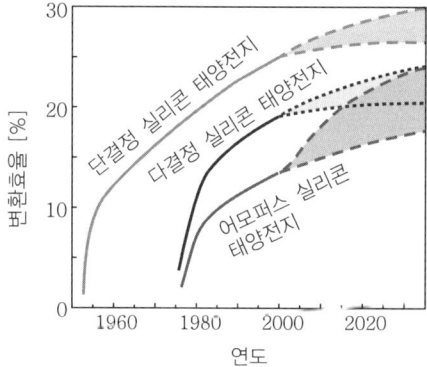

그림 3.5 실리콘계 태양전지의 변환효율의 향상

3.3 태양광 발전 시스템의 분류

1 시스템의 개요

그림 3.6은 태양광 발전 시스템의 구성도이다. 단, 항상 그림과 같이 많은 요소로 구성시키는 것은 아니며, 태양광 발전의 적용목적에 따라 구성요소의 조합은 변화한다. 아래에 시스템 구성요소의 개략을 서술하였고 그 상세에 대해서는 4절 이후에 서술한다.

태양전지 어레이에서는 태양광 에너지를 직류의 전기 에너지로 변환한다. 내환경성을 늘리기 위해 태양전지의 최소단위인 셀을 수지나 유리로 봉입한 것을 **모듈**이라 부른다. 이 모듈을 직렬연결한 것을 **스트링**이라 하며, 그것들을 모아서 배선하여 조합한 일식을 **태양전지 어레이**라 한다(그림 3.7).

직류인 태양광 발전전력과 대상 부하와의 매칭을 취하기 위해서 직류전력

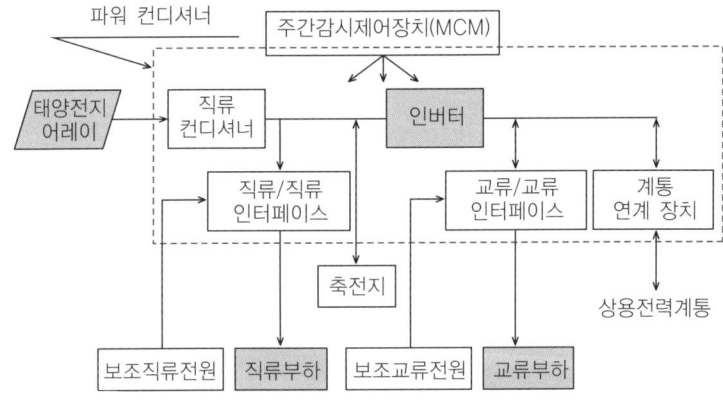

그림 3.6 태양광 발전 시스템의 구성요소[1]

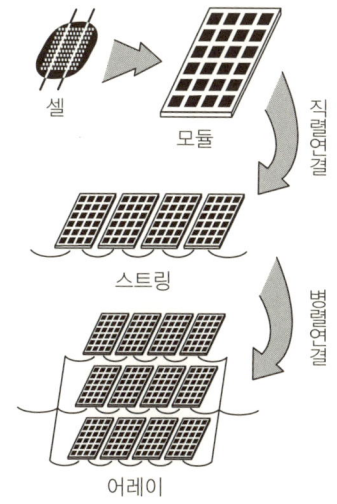

셀

모듈

직렬연결

스트링

병렬연결

어레이

그림 3.7 태양전지 어레이의 구성[2]

을 교류전력으로 변환하는 **인버터**를 시작으로 상용전력 계통이나 부하에 대한 여러 가지 인터페이스가 시스템에 포함된다. 이들 전력변환장치와 그 제어·보호계를 하나의 유닛으로서 **파워 컨디셔너**라고 부른다.

축전지는 태양광 발전의 잉여전력을 저축하는 일 등을 하고, 기상이 영향을 받아 시간적으로 변동하는 태양 에너지의 효율적 이용을 촉진함과 동시에 태양광 발전전력의 부족 시에도 부하수요를 채우는 역할을 한다. 그 외에 백업으로서 보조직류전원이나 보조교류전원과 같은 외부전원의 채용이나 상용전력계통과의 연계도 고려된다.

❷ 독립형 시스템

앞서 서술한대로, 태양광 발전의 적용 목적에 따라 그림 3.6처럼 구성요소의 조합은 변화한다. 대상부하의 특성이나 설치환경에 따라 구성요소의 유효한 조합이 결정되며, 그 패턴은 어느 정도 한정하는 것이 가능하다. 태양광 발전 시스템의 분류로서는 먼저 상용전력계통과의 관계에 의해 크게 나누는 방식이 일반적이다.

   상용전력계통과 완전히 떨어진 관계를 가지지 않고, 다른 보조전원도 가지지 않는 시스템을 **독립형 시스템**이라 부른다. 상용전력계통에서 떨어져 있는 원격지에서 전력을 공급하거나 운반이 가능한 휴대용 전원으로서 활용하는 것 등으로 볼 때 유효한 시스템 형태이다. 또한 비용의 관점에서 배전선의 신설이 필요한 경우나 디젤 발전 등 연료의 수송비용이 드는 경우에 유익한 시스템이다.

   충분한 일사량을 얻지 못하는 경우에는 일시적으로 운전을 정지해도 상관없는 용도로서 관개 시스템이나 우물물을 퍼올려 탱크 저장을 행하는 펌프 시스템 등을 그 예로서 들 수 있다. 이와 같은 예에서는 독립형에서 축전지를 갖지 않는 **태양광 발전 시스템**이 적용된다. 그림 3.8에 보인 것처럼 직류전동기 등의 직류의 전용부하의 경우는 가장 단순한 구성의 태양광 발전 시스템이라 할 수 있다. 교류부하의 유도전동기를 채용한 경우는 직류전력을 교류전력으로 변환하는 인버터가 필요하게 되며(그림 3.8), 그 결과 전동기의 출력제어 보다 고도의 부하제어를 할 수 있게 된다.

   그림 3.8의 시스템에 축전지를 부가함으로써 일시적으로 일사량이 부족한 경우에도 부하에의 전력공급이 가능하게 된다. 태양전지 및 축전지의 용량에 여유를 갖게 함으로써 보다 안정된 전력공급이 가능해지지만 시스템이 고비용으로 되지 않도록 유의하지 않으면 안 된다.

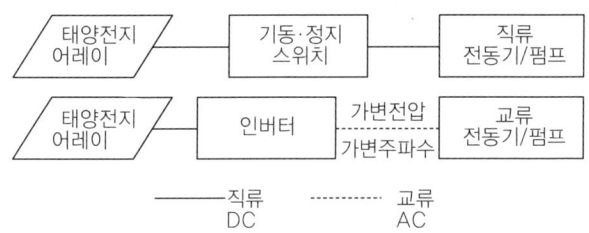

그림 3.8 태양전지 어레이와 직류전동기, 교류전동기에 의한 독립형 시스템 예[1]

3 계통연계형 시스템

독립형 시스템에 비해 상용전력계통과 어떤 연결(연계)을 가지는 시스템

을 계통연계형 시스템이라 부른다. 세계최고 레벨의 상용전력계통을 가지는 일본은 태양광 발전을 시작으로 하는 여러 가지 분산형 전원의 보급과 함께 그것들과 상용전력 계통과의 연계기술에 관해서 일찍부터 검토가 계속되어 왔다.

계통연계형 시스템은 태양광 발전전력과, 상용전력의 부하로의 공급형태에 따라 두 가지로 대별된다. 태양광 발전 전력과 상용전력이 회로적으로 항상 분리되어 있어 태양광 발전전력이 부하소비전력에 비해 부족한 경우에만 부하의 접속이 상용전력계통측으로 전환하는 시스템 형태를 **전환 시스템**이라 부른다. 전환된 태양광 발전전력은 축전지의 충전 등으로 사용된다.

한편 양자가 부하에 대해서 항상 접속되어 있는 시스템 형태를 **병렬연계 시스템**이라 부른다. 병렬연계 시스템에서는 태양광 발전전력이 대비하지 못하는 부하소비전력분을 상용전력이 보완한다. 더욱이 태양광 발전전력이 부하소비전력보다도 큰 경우에 발생하는 잉여전력의 취급방법으로 두 가지 타입으로 세분화할 수 있다. 잉여전력을 사용전력계통에 역송진할 수 있는 것을 **역조류 있는 시스템**(양방향 조류연계), 역송전할 수 없는 것을 **역조류 없는 시스템**(일방향 조류연계)이라고 부른다. 두 시스템 모두 그림 3.9에

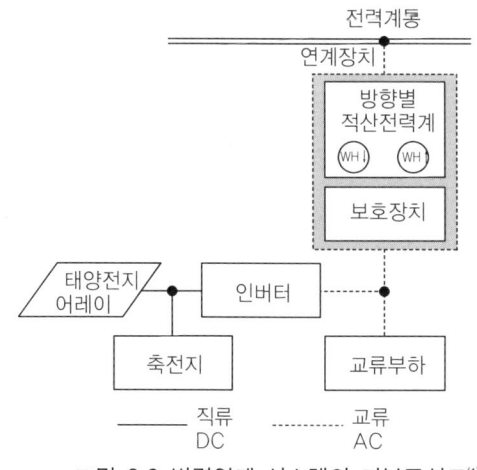

그림 3.9 병렬연계 시스템의 기본구성도[1]

서 처럼 시스템의 기본구성은 같으며, 역조류 있는 시스템에 제한기능을 부가한 것이 일방향 조류연계라 할 수 있다.

역조류 있는 시스템에서는, 태양광 발전전력이 부하소비전력보다도 큰 경우에 발생하는 잉여전력은 상용계통으로 역조류되어 배전선을 통해서 다른 부하에서 활용되는 것으로 된다. 부족 시에는 상용전력이 백업해 줌으로써 상용계통은 변동하는 태양광 발전전력에 따라 부하의 에너지 수요를 만족시키는 역할을 하고 있어서 용량무한대의 축전장치로서 움직이고 있다고 간주할 수 있다. 즉 태양광 발전 시스템 내에 일반 축전지는 기본적으로는 불필요하게 된다.

이와 같이 상용전력계통이 발달하고 있는 일본에서는 태양광 발전을 상용전력계통과 연계시키고 운용하는 장점이 있다. 이 연계운전에 의해 계통 내에서의 품질의 악화나 보안성의 저하를 초래하지 않도록 태양광 발전 측에서 적절한 대책이 시행되고 있다. 그 기술적 요건의 기준으로서 「계통연계 기술요건 가이드 라인」이 있으며 전압조정이나 단독운전방지기능, 출력전류고조파왜율, 출력역률 등에 관해서 계통연계보호를 위한 각종 규정이 이루어지고 있다.

또한 이들 기술요건을 만족시키고 신뢰성을 구비한 제품임을 보증하는 것으로서, 계통연계용 인버터 등의 임의인증제도가 있다. 그러나 종래 태양광 발전을 시작으로 하는 분산전원이 더욱 보급되어 배전계통에 대량으로 연계된 경우를 생각해보면, 현시점에서는 상정되어 있지 않은 영향이 나타날 가능성이 있으며 그 대책에 대해서 연구개발이 현재 활발히 행해지고 있다.

4 하이브리드형 시스템

태양광 발전은 기상의 변동성의 영향을 직접 받으며 그 본질적인 특징으로 출력변동은 피할 수 없다. 시스템에 축전지를 갖추어 태양전지와 함께 용량에 충분히 여유를 갖게 함으로써 보다 안정된 전력공급이 가능해지지만 완전한 자립운전을 요구하는 사례에서는 비현실적인 시스템 규모가 되어버릴 우려가 있다. 자연 에너지 이용형의 발전 시스템에서는 그 안정성과 비

용의 트레이드오프(tradeoff) 관계에 있어서 최적점을 어떻게 정할 것인가가 가장 중요한 포인트이다.

안정성을 저하시키지 않고 경제성을 개선하는 대책의 하나로서 태양광 발전과 이종전원(異種電源)을 조합시키는 것이 고려되며, 이것을 **하이브리드형 시스템**이라 부른다. 특징이 다른 복수의 전원을 조합해서

① 서로의 단점을 각각의 장점으로 보완하는 효과

② 양자의 이점을 가산한 이상의 이득을 창출하는 효과

등이 기대된다. 전자의 예로서 로컬 에너지 하이브리드 시스템이나 태양광-디젤 하이브리드 시스템 등을 예로 들 수 있다. 후자의 예로서는 태양광-열 하이브리드 시스템이 전형예이다.

로컬 에너지 하이브리드 시스템에는 태양광 발전과 조합한 로컬 에너지원으로서, 풍력발전이나 파력발전, 소수력 발전 등이 있다. 어느 것도 출력변동을 초래하는 것이지만 태양광 발전과 상보적으로 조합해서 안정성 향상을 목적으로 하고 있다. 양자가 얼마나 상보적일까 하는 것은 설치장소의 조건에 의존하기 때문에 사전의 데이터계측, 평가가 중요하다. 조건이 좋은 케이스를 예로 들면 태양광 발전과 야간도 포함해서 발전 가능한 풍력발전, 혹은 파력발전과의 상보적 운용이 가능하다(3.5절[2] 참조).

태양광 발전과 디젤 발전기를 조합한 **태양광-디젤 하이브리드 시스템**에서는 태양광 단독의 경우와 비교해서 디젤 발전기의 백업에 의해 축전지의 용량을 줄여도 전력의 공급안정도를 유지할 수 있다. 일반적으로 독립형의 태양광 발전 시스템에서는 축전지 용량이 대규모화하는 경향에 있고, 그 대책으로서 효과를 발휘한다. 또한 독립형 시스템이 설치될 듯한 입지조건에서는 일반적으로 연료수송비용이 높다. 더욱이 내연기관의 성질로서 경부하운전에서의 연비가 악화한다. 태양광-디젤 하이브리드 시스템에서는 연간부하수요 중 태양광 발전이 맡는 부분만 연료소비를 절약할 수 있고, 축전지를 충분히 활용함으로써 연비가 좋은 정격점(定格点)에서 디젤 발전기를 운용할 수 있다.

태양광-열 하이브리드 시스템에서는 일정 설치면적 안에서 활용되는 태

양 에너지의 양을 증가할 수 있는 이점이 생긴다. 태양전지로는 태양 에너지의 수십 %를 전기 에너지로 변환하지만, 나머지는 활용되지 않고 버려지는 것으로 된다. 폐기되고 있는 대부분은 열에너지로 되어 태양전지 어레이의 온도를 상승시켜 변환효율을 저하시킨다.

　그래서 태양광-열 하이브리드 시스템에서는 이 열에너지를 회수해서 유효하게 활용한다. 태양광을 집광하지 않는 평판식과, 집광해서 고온의 열을 취하는 집광식 두 가지 타입이 있다. 회수한 열에너지는 급탕 등의 열원으로 이용되지만 부하수요에 맞춰서 전기·열에너지의 비율을 균형잡히게 설계하는 것이 중요하다.

3.4 태양광 발전 시스템의 구성요소

태양광 발전 시스템의 구성요소 중 주요한 것에 대해서 개설한다.

■ 태양전지 어레이

태양전지 어레이는 구성단위인 태양전지 모듈을 회로적으로 집적하여 조합한 것이다. 그림 3.10은 빌딩 벽면에 투과형 태양전지를 설치한 것이며 이와 같이 건물과 일체화된 것도 있다. 그림 3.11은 태양전지 어레이의 전류-전압 특성 및 전력-전압 특성을 나타낸다. 각각 $I-V$곡선, $P-V$곡선이라 부른다. 그림 중 기호에 맞추어, 다음과 같은 특성으로 태양전지 어레이

그림 3.10 빌딩 측면 벽에 설치된
투과형 태양전지 (41kW)

(제공 : 산업기술 종합연구소)

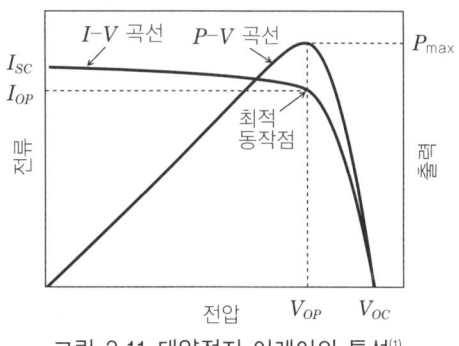

그림 3.11 태양전지 어레이의 특성[1]

성능을 평가할 수 있다.

- 개방전압 V_{OC} : 어레이의 출력단자 간을 개방한 때의 단자간 전압
- 단락전류 I_{SC} : 어레이의 출력단자 간을 단락한 때의 전류
- 최적동작점 : I-V곡선 상에서 전류×전압=출력전력이 최대가 되는 점
- 최적동작전압 V_{OP} : 최적동작점의 전압
- 최적동작전류 I_{OP} : 최적동작점의 출력전력
- 최대출력 $P_{\max}$: 최적동작점의 최대전력
- 변환효율 : 최대출력/입사태양광 에너지

어레이에 있어서의 이들 전기적 특성은 일사강도나 온도, 스펙트럼 분포 등으로 변동하기 때문에 실제의 설치조건을 고려해서 발전량 등을 적절하게 산정하여, 시스템 설계를 행하는 것이 중요하다.

태양전지 어레이를 설계하는 경우, 특히 어레이의 경사각과 방위각은 출력에 크게 영향을 주기 때문에 설치개소의 제약 중에서 최선을 다해 최적의 각도를 선택할 필요가 있다. 그림 3.12는 방위에 대한 일사량의 변화를 나타낸다. 경사각은 수평면과 어레이 면의 각이며, 0도(어레이면이 수평)~90

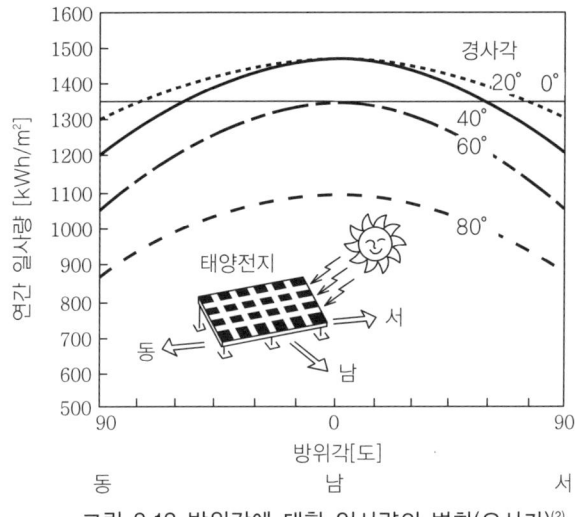

그림 3.12 방위각에 대한 일사량의 변화(오사카)[2]

도(어레이 면이 연직)로 나타난다. 방위각은 정남향을 0도로 하고, -90도 (정동향)~90도(정서향)로 나타난다.

일반적으로 어레이의 경사각과 방위각은 고정식의 것이 많고 그 경우의 최적경사각은 설치장소의 위도나 일사조건, 연간부하특성 등으로 결정된다. 또한 태양전지 모듈의 직렬수·병렬수에 의해 부하특성에 의한 전압·전류 치로 설정하고 연간 어레이 출력전력의 평균치와 피크값이 요구치를 만족하 도록 어레이 용량을 고려해야 한다.

모듈 고장시의 대책으로서 바이패스 다이오드가 설치되고 있다. 이것은 직 렬연결된 모듈군에서 고장 모듈을 발전전력이 우회되도록 설정된 것이다. 이 와 같은 대책을 시행해 두지 않으면, 다른 모듈에 의한 전압이 고장 모듈에 집 중되고, 핫 스폿(hot spot)의 원인이 된다. 국소적인 그림자나 오염에 의한 일 부의 모듈의 출력저하가 발생한 경우에도, 같은 양상의 문제가 생긴다.

2 인버터

태양전지는 직류전력을 발생하는 데 비해 상용전력계통은 교류이고, 일반 적으로 전기기기 등의 부하도 교류의 것이 많다. 인버터는 직류전력을 교류 전력으로 변환하는 깃으로 반도체소자를 이용한 고속 스위칭에 기초해서 PWM(Pulse Width Modulation) 조작 및 필터 회로에 의해 사인파 모양 의 출력을 생성한다.

고속에 우수한 제어성을 가진 인버터에 의해 태양광 발전 시스템에 있어 서 전압조정기능, 유효전력·무효전력 조정기능, 주파수 조정기능 등의 여 러 가지 제어기능이 실현되어 전력품질의 향상이 도모되고 있다. 계통연계 형 시스템에는 단독운전방지기능 등의 계통보호기능도 중요하다. 또한 인버 터의 중요한 기능으로 최대출력추종제어가 있다.

그림 3.11에서 처럼 I-V곡선은 일사강도에 의해 변동한다. 그래서 항상 최적동작점에서 태양전지 어레이를 동작시켜서 일사강도의 변동에 따라 언 제나 최대출력이 얻어지도록 제어를 한다. 이것을 **최대출력추종제어** 혹은 P_{max}제어라고 부른다.

그 외에 시스템 설계시의 인버터 성능을 평가하는 항목으로서 정격용량, 과부하내량, 효율 등이 있다.

❸ 축전지

일사변동에 따라 태양광 발전의 출력도 크게 변화한다. 경우에 따라서는 일조가 불량한 날이 수일간에 걸쳐 계속되는 경우도 있으며, 특히 독립형 시스템에서는 부하의 연속 가동을 시키기 위해 축전지를 갖출 필요가 있다. 또한 부하와 태양광 발전의 피크 시간이 달라지는 경우에, 축전지를 버퍼로서 이용해 전력공급을 행하고, 시스템의 효율화를 도모하는 것도 고려된다. 일반적으로 태양광 발전 시스템에는 납축전지가 많이 이용되고 있다. 태양광 발전 시스템에서는 출력변동에 따라 불규칙한 충방전을 축전지에 가하는 것이 되며, 이와 같은 특유의 사용조건을 고려하여 수명을 늘리는 대책 등, 태양광 발전용으로 특화된 축전지 개발도 성행하고 있다.

시스템 설계에 있어서 태양전지 용량, 부하 용량, 축전지 용량에 불균형이 있으면 축전지의 과충전이나 과방전이 발생하여 그 열화를 초래할 우려가 있다. 이와 같은 것을 피하기 위해 적절한 충방전 제어를 행하는 것도 중

그림 3.13 실(seal)형 납축전지의 실제 예

요하다. 그림 3.13은 축전지의 한 예이다.

４ 계통연계장치

계통연계장치는 연계보호 릴레이 및 단독운전검출기능을 갖추어 "계통연계 기술요건 가이드라인"에서 규정되어 있는 장치이다. **연계보호 릴레이**는 전압저하, 과전압, 주파수의 저하·상승 등, 이들의 이상을 검출하여 연계차단의 동작을 행한다. 또한 상용전력계통에 있어서 계통전원을 떼어놓은 상태에서 연계되어 있는 분산형 전원이 발전하여 선로부하에 전력을 공급하고 있는 상태를 **단독운전**이라 부른다. 이 단독운전상황을 검출하고, 시스템을 정지시키는 기능이 **단독운전검출기능**이다.

3.5 태양광 발전 시스템의 사례

1 광 파이버 종단기기용 태양광 발전 시스템[4]

정보화 시대를 향해서 정보통신망은 동 케이블에서 광 파이버 케이블로 바뀌어가고 있으며, 그 결과 통신망의 도처에 배치된 광 파이버 종단용 통신기기나 통신단말장치 등의 전원공급계의 신뢰성이 특히 중요시되고 있다. 이것은 광 파이버 케이블이 사용되면 기지국에서 가입자의 정보단말기기에 급전이 불가능해지고 단말기기에의 급전은 각 가정이 사용전원으로부터 행하지 않으면 안 되며, 광역재해가 발생하여 상용계통이 정전된 경우에는 넓은 범위에 걸쳐서 통신기능이 마비될 염려가 있기 때문이다.

이와 같은 배경을 근거로 위의 상황에 대처할 수 있는 태양전지를 이용한

그림 3.14 광 파이버 종단기기용 태양광 전원 시스템
(공중전화박스 설치형 시스템과 주상 설치형 시스템)[4]

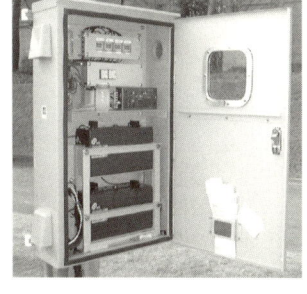

그림 3.15 주상(柱上)설치형 시스템[4]

그림 3.16 공중전화 박스 설치형 시스템[4]

극소규모의 자립전원 시스템을 개발하였으며, 그림 3.14~그림 3.16은 그 예이다. 이것은 온사이트 발전이 가능한 태양광 발전의 장점을 살린 예이다. 이 시스템은 평상시에는 역조류 없는 계통연계형으로서 작동하며 정전 시에는 태양전지와 축전지에 의한 독립형 시스템으로서 부하에 최저 2일간의 전력공급을 보증하며, 표준적인 운전 상태로 3일 이상의 동직을 목표치로 세워 개발된 것이다.

② 항로표지용 하이브리드 발전 시스템[5]

등대 등의 항로표지는 외딴 섬을 시작으로 곶의 선단이나 해상구조물 위, 상용전력의 공급이 곤란한 벽지에 설치되는 경우가 많고, 지금까지 장거리 배전선의 설치나 디젤 발전기 등에 의한 전력공급을 해왔다. 그 결과 장거리 배전선의 부설·유지 보수의 비용이나, 연료수송·저장에 따르는 비용이 문제가 되고 있다. 또한 이산화탄소 배출에 따른 지구온난화도 피할 수 없는 문제이다.

이와 같은 상황에서 안정된 전력확보를 유지하며 보수작업의 생력화(省力化)를 목표로, 더욱이 환경에의 부담저감을 고려하여 항로표지에 대한 자연 에너지 활용기술의 개발이 적극적으로 진행되고 있다. 부하용량이 작은 항로표지에 관해서는 태양광이나 풍력, 파력 등의 자연 에너지를 단일이용의 형태로 활용하는 발전방식이 일본 내에 약 6할의 등대에 이미 도입되어 있

고, 높은 신뢰성을 가진 발전 시스템으로서 충분한 실적을 거두고 있다. 한편 등대 이외에 기상관측기기나 무선기기 등도 포함한 대부하 용량의 등대에 관해서는 자연 에너지를 단일이용하는 형태로는 어려운 점이 생긴다. 일반적으로 자연 에너지 이용형의 발전 시스템은 본질적으로 불안정성을 가지며, 안정된 연속운전을 위해서는 축전설비가 불가결하다. 부하용량에 비례해서 안정성 확보를 요하는 축전용량도 증가하기 때문에, 대부하 용량의 등대에서는 축전지의 설치공간 확보, 교환작업 등에 막대한 경비가 들기 때문이다.

이 관점을 극복하는 대책으로서, 3.3절[4]에서도 설명한 것처럼 특성이 다른 복수의 자연 에너지 전원을 적절한 용량배분으로 조합하여 고효율에

그림 3.17 미즈노코섬 등대 하이브리드 발전 시스템 전경

 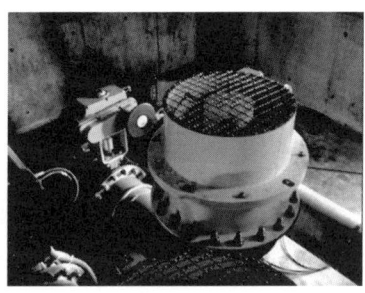

그림 3.18 파력발전의 공기실과 터빈 발전기

그림 3.19 태양전지 어레이

안정한 하이브리드 전원을 구축하는 어프로치가 고려된다. 복수의 자연 에너지를 이용하여 하이브리드화하는 것으로 출력의 상호보완·평준화가 도모된다면 발전전력의 이용률은 향상되며 출력변동의 버퍼로서의 축전지를 소용량화할 수 있다. 또한 태양광·풍력·파력 등의 복수의 자연 에너지를 하이브리드한 경우, 불일조나 무풍·폭풍 등의 기상조건이 장기에 걸쳐 동시에 연속해서 발생할 가능성은 낮다고 생각했기 때문에, 자연 에너지 단일이용의 경우와 비교해서 특이기상에 의해 연속직인 출력저하기간이 단축되며, 이 점도 축전지의 소용량화에 연결된다.

그림 3.17~3.19(제공 : 해상보안청)는 구체적으로 오이타현 미즈노코섬 등대의 태양광-파력 하이브리드 발전 시스템이다.

참고문헌

（1） 太陽光発電技術研究組合監修，黒川浩助・若松誠司　共編：太陽光発電システム設計ガイドブック，オーム社（1994）

（2） 新太陽エネルギー利用ハンドブック，日本太陽エネルギー学会（2001）

（3） 新エネルギー・産業技術総合開発機構，2030年に向けた太陽光発電ロードマップ（PV 2030）（2004）

（4） 小貫　天，若尾真治，平川亮一，日下部壮俊：光ファイバ終端機器用太陽光自立電源システムの開発，電気学会論文誌 D，Vol. 120-D，No. 5，pp. 718-724（2000）

（5） 日本航路標識協会：航路標識への自然エネルギー利用についての調査研究報告書（2000）

（6） J. Zhao, A. Wang and M. A. Green, Technical Digest of the International PVSEC-11（1999） p. 557～558.

04

태양열의
이용기술

태양 에너지의 열에너지로서의 이용은 기술적으로는 비교적 용이하며, 그 역사는 깊다. 특히 100℃ 이하의 저온영역에서의 이용은 태양열 온수기로서 실용화되어 있다. 보다 고온인 수100℃ 이상에서의 이용에는 기술적으로 보다 고도의 집광형 집열기가 필요해지지만, 열기관을 이용해 발전을 하는 태양열 발전 등의 새로운 응용이 가능해진다. 수천배의 집광도를 가진 태양로에서는 3000℃ 이상의 고온을 얻는 것도 가능하다.

본 장에서는 이런 여러 가지 태양열 이용 시스템에 이용되는 집광·집열계의 이론과 기기, 태양열 발전의 구조, 변동하는 태양열 에너지의 유효이용에 불가결한 축열기술 등에 대해서 해설함과 함께, 광의의 태양열 이용인 설빙의 냉열 에너지 이용기술에 대해서도 소개한다.

4.1 집열·집광의 이론과 기기

1 평판형 집열기

(1) 이론

맑은 날에 물을 넣은 용기를 해를 향해 놓아두면 태양열에 의해 간단히 온수로 만드는 것이 가능하다. 이 원리에 기초한 태양열 집열기가 **평판형 집열기**이다. 태양광의 에너지를 보다 많이 흡수하고, 따뜻해진 온수에서 달아나는 열을 보다 적게 하는 궁리를 한다면, 보다 고온의 온수를 얻을 수 있게 된다. 태양광의 흡수를 많이 하기 위해서는 집열부의 표면을 흡수율이 높은 면, 즉 흑색면으로 한다면 좋다. 열손실을 적게 하기 위해서는 열 이동의 3가지 형태인 "**전도**", "**대류**", "**복사(방사)**"를 각각 적게 할 필요가 있다.

전도손실을 적게 하기 위해서는 단열재가 유효하다. 집열부 뒷면에서의 전도열손실은, 뒷면의 유리섬유 등의 단열재를 배치한다면 억제가능하다.

집열부가 외기에 대해서 노출되어 배치되어 있다면, 표면으로부터의 대류손실이 매우 크다. 투명한 커버 재료(유리, 플라스틱 등)로 집열부의 외측을 덮음으로써 외기로부터의 대류손실은 대폭 억제된다. 그러나 집열부와 커버 사이의 공기층에서는 역시 대류가 일어나므로 보다 고온을 필요로 하는 경우에는 커버를 다중으로 하거나 벌집구조 등의 대류억제부재를 삽입하는 것 등의 연구가 필요하다.

방사열 손실의 억제를 위해서는 위의 투명한 커버 재료도 유효하지만, 더욱 적극적인 방법으로서 **선택흡수면**, **선택투과막**이 이용된다. 그림 4.1에 보인대로 태양광의 스펙트럼은 대강 0.3~2.5μm의 범위이며 실온~수백 ℃에서의 열방사의 스펙트럼은 ~2μm 이상의 적외역이다. 물질표면의 빛의

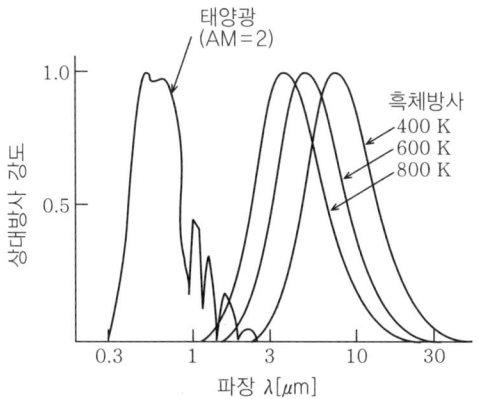

그림 4.1 태양광 및 흑체방사의 스펙트럼[1]

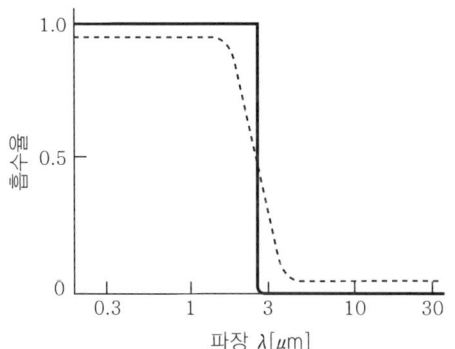

실선 : 이상적 특성   점선 : 실제의 특성

그림 4.2 선택흡수면의 분광특성[1]

흡수율과 열방사율은 동등하므로 빛을 잘 흡수하는 물질은 열방사도 많은 것이 일반적이지만, 그림 4.2에 보인 것처럼 태양광의 스펙트럼 영역과 열방사의 스펙트럼 영역에서 흡수율＝방사율이 크게 달라지는 재료가 있다면 태양광의 흡수율은 높고 방사열 손실이 적은 집열부가 실현된다.

이와 같은 재료를 선택흡수면이라 부른다. 같은 모양의 구조를 커버재료에 적용하여 태양광의 투과율은 높고 열방사에 대한 반사율이 높은 재료가

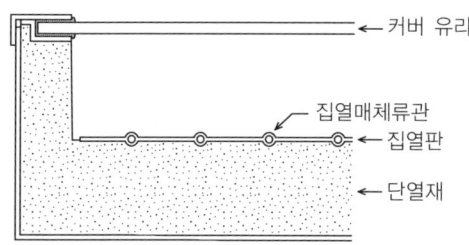

그림 4.3 평판형 집열기의 구조(단면도)[2]

선택투과막이다. 방사열 손실은 집열부 표면온도의 4승에 비례하기(스테판-볼트만의 법칙) 때문에 특히 고온을 얻기 위해서는 이것을 억제하는 것이 중요하다.

　이상과 같은 여러 가지 연구에 의해 열손실을 저감한 평판형 집열기에서는 실온+50℃ 정도까지의 온수를 효율 좋게 얻을 수 있는 것이 가능하며, 가정용의 태양열 온수기, 태양열 난방 등에 널리 사용되고 있다.

　(2) 집열기의 구조

　가장 간단한 태양열 온수기로는 표면을 검게 도장한 용기에 물을 넣은 것이 생각된다. 이것들을 **급치식 집열기**라고 부르고 있다. 빈병이나 페트병을 이용해서 스스로 만드는 것도 가능하다.

　보다 고온에서 효율이 좋은 집열을 하기 위해 열매체를 강제적으로 순환하여 단열된 용기 내에 열매체를 저장하는 방식을 **강제순환식 집열기**라고 부른다. 전형적인 강제순환식 평판형 태양열 집열기의 구조는 그림 4.3과 같다. 주된 부재는 표면측부터 커버 유리, 집열매체가 흐르는 유로를 가진 집열판, 뒷면의 단열재이다. 열 매체로서는 보통 물이 사용되지만, 한랭지에서 겨울철에 동결의 우려가 있는 경우에는 에틸렌글리콜 등의 부동액이 이용되는 경우도 있다.

② 진공관형 집열기

(1) 이론

　평판형 온수기에서는 특히 커버 유리와 집열부 사이의 공기층의 대류손실

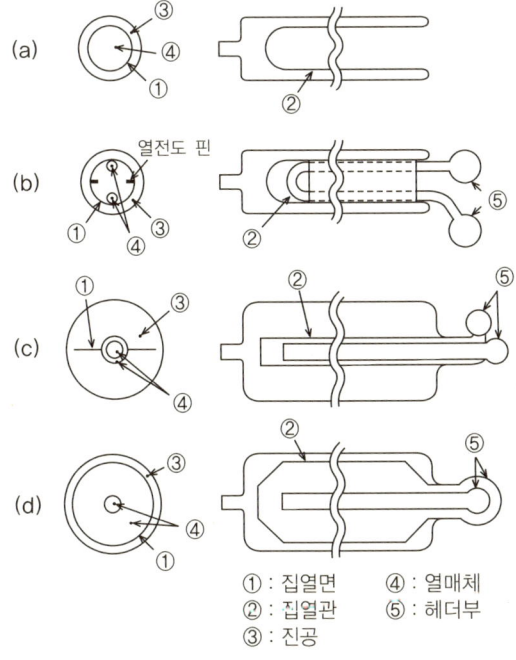

①: 집열면　　④: 열매체
②: 집열관　　⑤: 헤더부
③: 진공

그림 4.4 각종 진공관형 집열기의 구조[2]

이 크기 때문에 100℃를 넘는 것과 같은 고온에서의 집열은 곤란하다. 대류 손실을 완전히 없애려면 이 공간을 진공으로 하면 좋다. 평판 모양의 공간을 진공으로 유지하는 것은 매우 어렵기 때문에 커버 유리를 원기둥 파이프 모양으로 하고, 그 안에 집열부를 설치하여 사이의 공간을 진공으로 봉한 것이 **진공관형 집열기**이다. 이 집열기에서는 대류, 전도의 열손실이 거의 없고 고성능의 선택흡수면을 사용함으로써 방사손실도 대폭으로 억제하는 것이 가능하기 때문에 태양열 냉방 등에 필요한 고온에서의 고효율 집열이 가능하다.

(2) 구조

그림 4.4에 각종 진공관형 집열기의 구조를 보였다. 실제의 집열기는 이들 파이프 모양의 집열부를 다수 병렬로 배치하여 상부, 하부에 집열 헤더

(header)를 설치해서 구성된다. 평판형 집열기와는 달리 각 집열부의 사이에 간격이 있기 때문에 집열기에 입사한 태양광의 일부는 흡수되지 않고 투과되는 문제가 있다. 이 손실을 저감하기 위해 집열부 아래에 거울면 또는 백색 확산면의 반사판을 설치하는 경우도 있다. 진공관형 집열기는 장기간에 걸쳐 실외사용에 견디어 진공도를 유지할 필요가 있으며, 고도의 기술이 요구되기 때문에 평판형 집열기에 비해서 일반적으로 고가이다.

3 집광형 집열기

(1) 개요

진공관형 집열기보다도 더욱 고온의 수백 ℃ 이상의 열에너지를 얻기 위해서는 반사경이나 렌즈 등의 집광광학계를 이용해서 태양광의 에너지 밀도를 높일 필요가 있다. 이와 같은 집열기를 **집광형 집열기**라 한다. 집광형 집열기에서는 평판형이나 진공관형 집열기의 열손실이 **집광비**(집열부의 면적에 대한 입사면적의 비율) 분의 1로 감소하기 때문에 고온에서의 집열이 가능해진다.

집광형 집열기에 이용되는 집광계에는 여러 가지가 있다. 먼저 오목거울 등의 반사경을 이용한 반사형 집광계와 렌즈를 이용한 굴절형 집광계로 분류된다. 반사경에 비해 렌즈에는 가공면이 2개 있고, 색수차(色收差)도 있기 때문에 특히 대형광계에서는 불리한 점이 많지만, 가공면의 정밀도나 추미오차에는 반사경보다도 둔감하다. 집광비의 크기로 분류하면, 입사광을 한 점에 집광하는 **점집광형**(집광비 : 100~1000 이상)과, 선 모양으로 집광하는 **선집광형**(집광비 : 10~100정도)으로 분류된다. 전자를 3차원 집광형, 후자를 2차원 집광형이라고도 부른다. 이 외에 몇 배 정도의 저집광비를 얻는 면집광형이라고 부를 수 있는 타입도 있다.

(2) 집광비와 허용편각

어떠한 집광계이더라도 그 중심축(광축이라 한다)에서 일정 각도 이내의 입사광만이 집광되어 수광부에 도달한다. 이 각도를 **허용편각**(acceptance angle)이라 부른다. 허용편각 θ_c와 집광비 C 사이에는 밀접한 관계가 있으

며 일반적으로 집광비가 커질수록 허용편각은 작아진다. 2차원 및 3차원 집광계에서의 양자의 관계는 다음 식 (4.1), (4.2)에서 표현되는 것이 열역학 제 2법칙으로부터 유도된다.[3]

$$C_{2d} \leqq n/\sin(\theta_c) \tag{4.1}$$

$$C_{3d} \leqq (n/\sin(\theta_c))^2 \tag{4.2}$$

여기서, n은 집광계를 채우는 매질의 굴절률이다. 이들 식에서 등호가 성립하는 경우를 **이상집광계**라 부른다.

태양광은 완전한 평행광선이 아닌, 유한의 퍼짐각을 가지고 있다. 지구에서 태양을 바라본 각도(시반경)의 평균값은 약 4.65×10^{-3}rad이며, 식 (4.1), (4.2)로부터 $n=1$의 경우 이론최대집광비는 2차원 집광계에서 약 200, 3차원 집광계에서 약 40000이다.

또한 위의 식 (4.1), (4.2)로도 알 수 있듯이 집광비가 매우 작은 약집광계를 빼고, 일반적으로 집광형 집열기에서는 태양으로부터의 직달광만이 집광되어, 천공 전체로부터의 산란광은 집광할 수 없다. 사막지대와 같이 1년 동안 쾌청함이 계속되는 지역을 빼고, 세계의 대부분의 지역에서는 산란광의 비율은 제법 많고 일본에서도 연간 전천일사량의 약 반이 산란광이다. 집광형 집열기의 이용에 있어서도 이것을 충분히 고려할 필요가 있다.

(3) 추미(追尾)

지상에서 본 태양의 방향은 지구의 자전과 공전 때문에 시시각각 변화한다. 집광계에 의해 태양광을 집열부에 모으기 위해서는 태양의 방향을 허용편각 이내로 유지하기 위해 집광장치를 태양을 향해서 **추미**할 필요가 있다. 집광비가 높은 집광계일수록 허용편각은 작으므로 보다 정확한 추미가 필요하다.

점집광계(3차원 집광계)에서는 두 축에 의한 완전추미가 불가결하다. 선집광계(2차원 집광계)에서는 초선(焦線)방향에의 입사광의 벗어남은 허용되기 때문에 1축추미에서도 집광은 가능하다. 표 4.1에 각종 추미방식과 그 추미각 및 입사각을 보였다.[1] 그림 4.5는 표 4.1에 이용되고 있는 각도의 설명이다. 표로 알 수 있듯이 두 축의 적도의식, 한 축의 지축식에서는 추미

표 4.1 각종 추미방식의 특성[2]

방식		추미축	추미각	입사각
2축	적도의식	지축	ω	0
		지축과 수직인 축	δ	
	경위의식	연직축	arccot $(\sin\Psi\cdot\cot\omega$ $+\cos\Psi\cdot\cos\omega\cdot\tan\delta)$	0
		수평축	arcsin $(\sin\Psi\cdot\sin\delta$ $+\cos\Psi\cdot\cos\omega\cdot\cos\delta)$	
1축	지축식	지축	ω	δ
	남북식	남북수평축	arccot $(\cos\Psi\cdot\cot\omega$ $-\sin\Psi\cdot\csc\omega\cdot\tan\delta)$	arcsin $(\cos\Psi\cdot\sin\delta$ $-\sin\Psi\cdot\cos\omega\cdot\cos\delta)$
	동서식	동서수평축	arctan $(\sec\omega\cdot\tan\delta)$	arcsin $(\sin\omega\cdot\cos\delta)$
	턴테이블 수평식	연직축	arccot $(\sin\Psi\cdot\cot\omega$ $-\cos\Psi\cdot\csc\omega\cdot\tan\delta)$	arccos $(\sin\Psi\cdot\sin\omega$ $-\cos\Psi\cdot\cos\omega\cdot\cos\delta)$
	턴테이블 경사식	연직축	arccot $(\sin\Psi\cdot\cot\omega$ $-\cos\Psi\cdot\csc\omega\cdot\tan\delta)$	arccos $(\sin\Psi\cdot\sin\delta$ $-\cos\Psi\cdot\cos\omega\cdot\cos\delta)-\Psi$

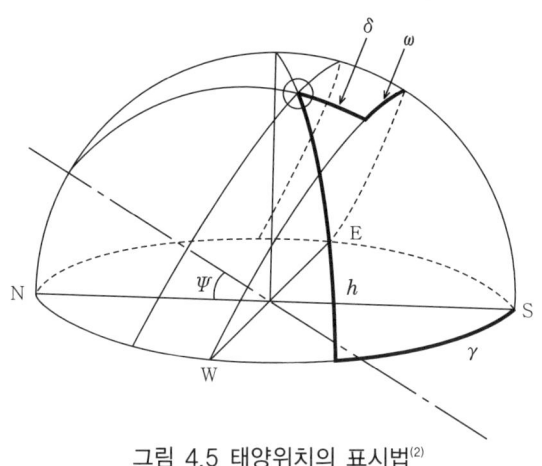

그림 4.5 태양위치의 표시법[2]

각이 ω(지축의 회전각)과 같기 때문에 시계장치의 프로그램 제어가 용이하지만, 그 이외의 방식으로는 비등속의 추미제어가 필요하다. 이 때문에 태양광의 위치를 몇 개의 센서로 검출하여 피드백 제어를 행하는 방식도 이용된다. 후자에는 오차의 축적이 없고 설치도 용이하다는 장점이 있지만, 구름에 의한 오동작이 일어나기 쉽다는 결점이 있기 때문에 양자가 병용되는 경우도 있다.

(4) 각종 집광형 집열기

(a) 복합포물면형

그림 4.6은 **복합포물면 집광계**(compound parabolic concentrator : CPC)라고 부르는 집광계에서 윈스턴(R. Winston) 외 여러 학자들에 의해 발명된 2차원의 이상집광계이다[4]. 허용편각이 크고 2~3배 정도의 집광이라면 추미를 하지 않는 고정집광도 가능하지만, 집광비의 증대와 함께 개구폭에 대한 경면의 깊이가 급증하기 때문에 2~10배 정도의 약집광용이다.

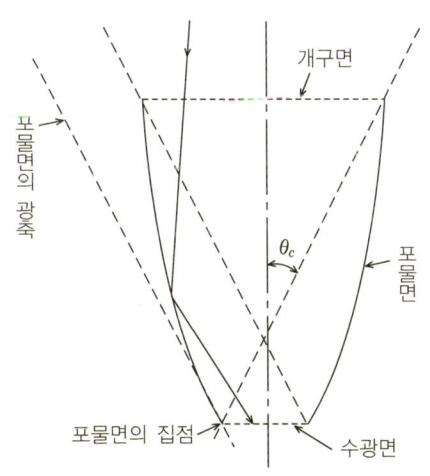

그림 4.6 복합포물면 집광계 (CPC)[2]

(b) 선집광·반사형

그림 4.7은 통형포물면경에 의한 선집광형 집열기의 실제 예이다. 포물면

그림 4.7 통모양 포물면경 집광계(전자기술 종합연구소)

의 초점위치에 진공 유리관에 봉입된 집열관이 배치되고 있으며, 300~500
℃ 정도의 고온이 얻어진다. 미국 캘리포니아 주 사막지대에서는 이와 같은
집열장치를 이용한 대규모의 태양열 발전소가 상용운전을 계속하고 있다.

그림 4.8 및 4.9는 포물면경을 다수의 책 모양 반사경으로 대체한 집열기
로 **분할경 집광계**(segmented mirror concentrator)라고 부른다.[5] 추미는
간단한 링크 기구로 행하며 경면에 대한 풍압가중이 적다는 이점이 있다.

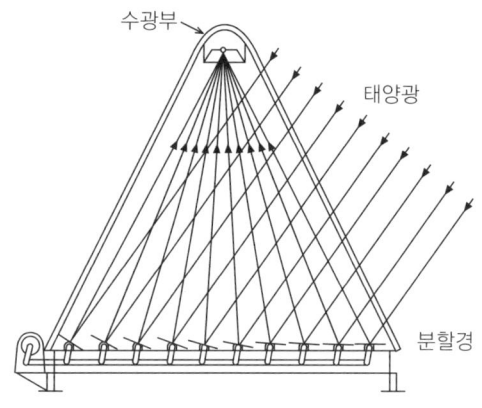

그림 4.8 분할경 집광계[2]

그림 4.9 분할경 집광계(전자기술 종합연구소)

(c) 초집광·굴절형

대형의 볼록 렌즈는, 그대로는 매우 두꺼워 실용적이지 않다. 볼록 렌즈를 다수의 세그먼트로 분할하여 여분의 두께를 제거하고 평판 모양으로 한 것이 프레넬 렌즈(Fresnel lenz)이다. 플라스틱 성형품으로서 대량생산하는 것으로써 비용저감이 가능하다. 그림 4.10은 아크릴 수지제의 대형 프레넬 렌즈를 이용한 점집광형 집열기의 실제 예이다.

그림 4.10 프레넬 렌즈 집광계(전자기술 종합연구소)

(d) 점집광·반사형

그림 4.11은 파라볼라 디시형(parabola dish)이라 부르는 점집광형 집열기로 회전포물면경의 초점부분에 집열부를 배치한 것이다. 집열부에 스털링 엔진(sterling engine)을 두고, 30kW 정도의 출력 발전을 하는 시스템이 연구되고 있다.

그림 4.12는 대규모의 태양열 발전 시스템 등에 이용되는 **타워 집광형**이라 부르는 집광계이다. **헬리오스탯**(heliostat)이라 부르는 다수의 평면경군에 의해 태양광을 타워 위의 집열부에 모음으로써 고온을 얻을 수 있다. 1980년대에는 일본을 시작으로 유럽 각국에서 1~10MW 급의 태양열 발전 테스트 플랜트가 건설되어 실험이 행해졌다.[6]

그림 4.11 파라볼라 디시 집광계(Advanco사, 미국)

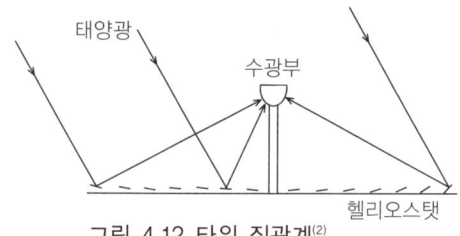

그림 4.12 타워 집광계[2]

(e) 태양로

매우 정밀한 회전포물면경을 이용한 집광형 집열장치를, 특히 **"태양로"**라고 부르며, 수천 ℃라는 고온이 비교적 용이하게 얻어지기 때문에 고온에서의 물성연구 등에 옛날부터 이용되고 있다. 일본에서도 구 나고야 공업기술시험소(현재의 산업기술 종합개발연구소)에서 처음으로 건설되어 그 후 도호쿠대학에서 건설된 대형 태양로에서는 4000K 가까운 도달온도가 얻어지고 있다. 세계적으로는 프랑스의 피레네 산중 오데이오의 CNRS 태양 에너지 연구소에 있는 직경 54m의 대형 태양로(그림 4.13)가 유명하다.

그림 4.13 대형 태양로(CNRS 태양 에너지 연구소, 프랑스)
(사진제공 : 스즈키 오사오(鈴木 硏夫 씨)

4.2 태양열 발전의 구조

　태양 에너지의 밀도는 지상에서 약 1kW/m²로서 에너지 밀도가 낮은 빛에너지이며 그 빛을 받아 얻어지는 열의 온도는 80℃ 정도이다. 태양에서 고온의 태양열을 얻기 위해 앞 절에서 설명한 것과 같은 태양광을 렌즈나 반사경 등을 이용해서 태양광을 집광하여 집열하면 500℃ 정도의 열을 얻을 수 있다. 그 고온열로 고온·고압의 증기를 발생시켜, 그 증기로 터빈 등을 구동해서 발전하는 것이 **태양열 발전 시스템**이다.

　지상에서 받는 태양광은 태양에서 직접 방사되는 직달광과 주위에서 반사되는 혹은 구름으로부터 방사되는 산란광인데, 렌즈나 반사경 등으로 태양광을 집광할 수 있는 빛은 직달광이다. 그 빛을 집광하려면 렌즈나 반사경의 광축에 평행이 되도록 하지 않으면 안 된다. 그 때문에 직달광은 시시각각 태양의 방위의 변화와 함께 각도가 변하므로 렌즈나 반사경의 광축이 태양을 향하도록 하는 **태양추미장치**가 설치되어 있다.

　태양열 발전은 이와 같은 태양을 따라 집광·집열하는 기기에 의해 태양열을 수집하는 기기를 **집열기**, **집열 루프**라고 부르고 있다. 그리고 이 집광, 집열 방식에 의해서 태양열 발전은 분류되고 있다.

　아래에 태양열 발전 시스템의 기본구성을 나타내고, 집광·집열 방식과 그것에 기초한 발전 시스템을 설명한다.

▌1 태양열 발전 시스템의 기본구성

　태양열 발전은 기본적으로 그림 4.14에 나타낸 것처럼 구성되어 있다. 그림과 같이, 천연 가스를 연료로 한 화력발전 시스템과 같은 모양의 방식으

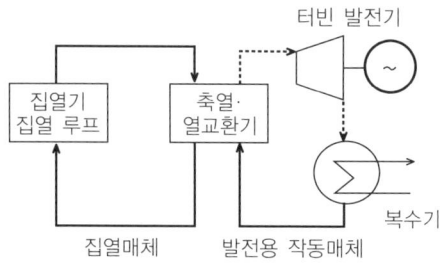

그림 4.14 태양열 발전 시스템의 기본구성

로 발전 시스템은 구성되어 있다.

　다른 점은 천연 가스를 사용하는 화력발전은 증기를 발생하는 연소열에 따라 보일러가 있고, 태양열 발전은 집열기 혹은 집열 루프로 얻은 열을 수집하는 축열 열교환기가 있다. 또, 천연 가스의 경우는 발전량에 따라 연소를 조정하고, 안정된 전력을 발생시키는 것이 가능하지만, 태양열 발전의 경우는 맑거나 흐린 기상조건에 의해 태양에서 얻어지는 열량이 변화하기 때문에 그림에 나타낸 것처럼 열을 축적하여 증기를 발생시킬 수 있도록 축열·열교환기가 설치되어 있다.

② 각종 태양열 발전 시스템

(1) 포물면경형에 의한 분산형 태양열 발전 시스템

　그림 4.15에 나타낸 것처럼 포물선을 수직방향으로 이동시켜서 이루어지는 원통 모양의 포물면경에 의해 태양광을 반사시켜서 초선(焦線) 위의 집

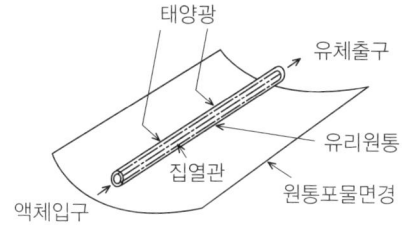

그림 4.15 원통포물면경형 집열기(컬렉터)

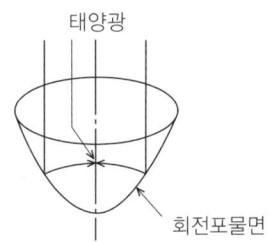

태양광

회전포물면

그림 4.16 회전포물면경형 집열기

열관(고온에서 사용되는 진공유리관형)에서 열을 흡수하는 집광·집열 방식
이 **원통포물면경형**이며 컬렉터(collector)라고도 부른다.

컬렉터는 초선(집열관)의 방향에 의해 동서형, 남북형으로 구별된다. 이
**컬렉터를 부지에 다수 직·병렬로 연결해서 집열 루프를 구성해서 발전하는
시스템이 분산형 태양열 발전 시스템**이다.

한편, 포물선의 축을 중심으로 회전시켜서 이루어낸 면의 내면에 반사경
을 설치점 초점으로 열을 흡수해서 집광·집열하는 방식이 그림 4.16에 나타
낸 **회전포물면경형**이다. 형상이 큰 접시같은 모습을 하고 있기 때문에 **디시
형**이라고도 한다. 이 방식에 의한 태양열 발전이 **디시/스털링 발전**이다.

분산형 태양열 발전의 예로서, 미국 캘리포니아 주의 모하베 사막에 건설
된 SEGS 플랜트(Solar Electric Generation System)라 부르는 시스템

표 4.2 SEGS 플랜트의 개요

SEGS	발전개시 [년]	발전단 출력[MW]	집열온도 [℃]	부지면적 [m²]	태양 모드의 랭킹 효율[%]
I	1985	14	307	82960	31.5*
II	1986	30	315	16376	29.4
III	1987	30	349	23030	30.6
IV	1987	30	349	23030	30.6
V	1988	30	349	250560**	30.6
VI	1988	30	390	188000	37.5
VII	1989	30	390	194280	37.5
VIII	1990	80	390	464340	37.6
IX	1991	80	390	483960	37.6

*천연 가스에 의한 과열을 포함.   **1988년 당시에는 233120㎡

(a) 집열기(컬렉터)

(b) SEGS III~VII (30MW)

그림 4.17 SEGS 플랜트

이 있다. 표 4.2에 나타낸 것처럼 1985년부터 발전이 개시되어 총 발전출력은 354MW로 세계 최대의 태양열 발전이다. 그림 4.17(a)에 나타낸 컬렉터가 발전부의 주위에 다수 설치되어 있다. 컬렉터의 폭은 약 6m, 길이는 약 100m이며, 남북방향으로 설치하여 집열 루프를 구성하고 있다. 집열 루프에서 열을 모으는 매체는 오일이다.

그림 (b)는 표 4.2에 나타낸 SEGS III~VII의 플랜트이다. 태양열로 정격의 출력이 얻어지지 않을 때는 천연 가스를 보조열원으로 해서 운전이 행해지고 있지만, 표 중의 태양 모드의 효율은 태양열만으로 운전을 행할 때의 효율이다. 운전실적 예로서 1997년 7월 1일, SEGS VI (30MW)에서 태양만으로 431MWh (431÷30=14.4시간에 해당)의 발전을 달성하고 이 날의 평균효율(태양에서 전기로의 변환효율)은 18%, 9시부터 17시까지의 효율은 20% 이상, 집열효율은 약 60%이며, 또한 같은 날 이 SEGS III~VII의 다섯 플랜트의 총 발전량은 2071MW(2071÷150=13.8시간에 상당)로 보고되고 있다. SEGS 플랜트의 발전비용은 건설 시에 의해 달라지지만 최신의 SEGS IX의 발전단가는 약 8¢/kWh 이다.

그림 4.18에 나타낸 시스템이 디시/스털링 발전이다. 그림 4.16에 나타낸 것과 형상이 다르지만 그림 4.16과 같은 형상의 경우 강풍시 면에 큰 힘이 가해지기 때문에 풍압을 작게 하기 위해 작은 원형의 오목면경을 형성해서 태양광을 집열하고 있다. 경면의 직경은 약 1.5m로 박막경을 원형의 틀에

그림 4.18 디시/스털링 발전

장치하여 그 내부를 아주 작게 감압해서 오목면경을 형성하고 있다. 이들
면에서 집광된 빛의 초점에 스털링 엔진이 설치되어 있다. 미국에서는 1991
년부터 개발이 진행되어 그림 4.18은 7kW의 발전출력을 가진 시스템이다.
또한 계통연계용으로서 25kW의 시스템도 개발되고 있다. 이상적인 스털링
엔진의 효율은 카르노 효율과 같지만, 그림에 나타낸 것과 같이 시스템의
발전효율은 20~30%이다.

(2) 평면반사경을 이용한 집중형 태양열 발전 시스템

그림 4.19에 나타낸 것처럼 타워의 주위에 다수의 헬리오스탯을 배치하
고, 태양광이 헬리오스탯에 설치한 평면경에서 반사되어 타워의 머리 부분
에 설치한 집열기에 집광해서 열을 흡수하는 방식이 **집중형**, 혹은 **타워형**이
라고 부르는 태양열 발전이다. 헬리오스탯은 타워의 모든 주위 혹은 북측에
만 배치되어 타워의 머리부분에 고정 설치된 집열기에 태양광이 입사하도록
헬리오스탯이 태양을 추미한다.

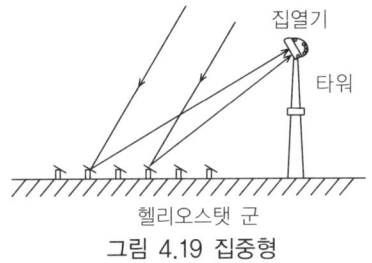

집열기

타워

헬리오스탯 군

그림 4.19 집중형

그림 4.20 솔라 투(Solar Two)

이 예가 그림 4.20의 솔라 투(Solar Two)라 부르는 시스템으로, 건설지는 SEGS I과 II에 인접하고 있다. 집열하는 매체는 초산염(초산나트륨 60%, 초산칼륨 40%의 혼합염)이다. 집열기는 높이 약 73m의 타워의 머리 부분에 설치되어 있다. 헬리오스탯의 반사경의 면적은 약 40m²이며 부지면적 약 38만 m²에 약 1800대 설치되어 발전출력은 10MW의 시스템이다. 이 시스템은 이미 철거되었지만, 이 시스템을 원형으로 한 실용 시스템이 스페인에서 건설되고 있다.

❸ 태양열 발전 시스템의 장점

이상 소개한 태양열 발전은 다음과 같은 장점을 가지고 있다.

성능에 관해서는 집열기에서 고온의 열을 얻어, 열손실을 적게 하기 위해 집열부는 유리·반사경·흡수면 등으로 구성되어 이들 광학재료의 특성치인 태양광의 투과율·반사율·흡수율 등의 값이 성능에 영향을 준다. 또한 어느 집광·집열방식으로도 태양을 추미하기 위해 그 오차(추미오차)도 성능에 영향을 준다. 그래서 투과율을 t, 반사율을 r, 흡수율을 a, 추미정밀도를 T로 할 때, 이것들의 값의 곱으로 전항에 소개한 시스템의 개략적인 성능을 보는 것이 가능하다.

각 방식에서 집열과정을 보면 집열기에 입사하는 태양광을 Q_0, 집열부에서 흡수되는 열량을 Q로 하면 다음과 같이 나타난다.

집중형, 디시형 $Q=r \cdot a \cdot T \cdot Q_o$

원통포물면경형 $Q=r \cdot t \cdot a \cdot T \cdot Q_o$

이 된다. R, a, t, T의 각 값은 1보다 작은 값이기 때문에 이것들의 곱의 수가 작을수록 많은 태양광을 얻을수 있다.

여기서, Q를 Q_o로 나눈 값은

집중형, 디시형 $Q/Q_o=r \cdot a \cdot T$

원통포물면경형 $Q/Q_o=r \cdot t \cdot a \cdot T$

가 되며, 이 비를 **집광효율**이라 한다. 이 값으로 볼 때 집중형, 디시형의 효율이 좋아진다.

또한 집열부로부터 정미로 얻어진 열량을 Q_h로 하고, 집열부로부터의 열손실을 Q_l으로 하면, Q_h는

$$Q_h=Q-Q_l$$

이 Q_h를 Q_o로 나눈 값

$$Q_h/Q_o=(Q-Q_l)/Q_o$$

를 **집열효율**이라 한다.

기기의 설치조건에 관해서 집중형, 원통포물면경형(컬렉터)은 헬리오스탯이나 컬렉터의 설치에 광대하고 평탄한 부지를 필요로 하지만, 디시형은 그러한 부지를 필요로 하지 않는다.

열의 수집에서는 집중형, 디시형은 하나의 집열기에서 집중적으로 열을 흡수하지만 원통포물면경형은 넓게 분산한 컬렉터로부터 열을 회수하기 위해 열의 수송과정에서의 배관부에서의 열손실이 다른 것에 비해 크다.

발전의 동력변환과정에서 집중형, 원통포물면경형은 헬리오스탯이나 컬렉터를 다수 배치해서 태양열로 증기를 발생해서 발전하기 위한 대형의 시스템이다. 디시형은 스털링 엔진 등에 의해 발전을 하기 위한 소형의 시스템이다.

고장 시 등의 운용에서는 집중형, 원통포물면경형은 소수의 헬리오스탯이나 컬렉터가 고장난 경우 그 그룹의 운용을 정지하는 것만으로 발전을 정지할 필요는 없지만, 집중형으로 집열기가 고장난 경우는 운용을 정지하는 것

으로 된다. 디시형은 고장난 것만을 정지하면 되며 전체의 운용에는 영향을 주지 않는다.

4 정리

일본에서도 약 20년이나 전에 태양열 발전의 개발이 진행되었지만, 일사 조건이 우수하지 않다는 이유로 연구개발은 종료되고, 앞으로도 일본에서의 태양열 발전은 행해지지 않을 것으로 보지만 이미 미국, 유럽에서는 실용 수준에 이르고 있다. 여기서 소개한 것과 같이 태양열 발전처럼 발전출력이 큰 경우 태양광 발전보다 우수한 성능을 발휘하고 있다.

유럽에서는 지중해 연안에서 태양열 발전 건설이 예정되어 있고, 가까운 장래에 지중해 연안지구에서의 태양열 발전의 성과가 나올 것이라 생각 된다.

4.3 축열 시스템의 이용

■1 축열식 태양열 이용 시스템

자연 에너지는 공급이 양적·시간적으로 변동하는 경우가 많다. 태양 에너지가 취득할 수 있는 것은 낮 동안 뿐이며, 특히 직달일사는 맑은 날에만 얻을 수 있다. 한편 산업용이나 운수용의 에너지 수요는 주야를 불문하며, 민생용의 에너지 수요는 주간보다도 조석에 집중하는 경향이 크다. 그래서 태양 에너지를 일시적으로 저장하고, 필요시에 회수해서 잘 이용할 수 있다면, 에너지의 편이성이 향상되고 적용대상도 확대될 수 있다.

집열기에서 취득한 열을 일시적으로 저장하고, 필요에 따라 이용하는 축열식 태양열 이용 시스템의 구성을 일반화하면 그림 4.21이나 그림 4.22와 같이 된다. 축열기능을 유효하게 이용하기 위해서는 열의 ① 주입, ② 보존, ③ 추출의 세 조작이 필요하다.

가장 단순한 구조의 축열방법은 그림 4.21 (a)와 같이 난방이나 가열의 대상으로 축열요소를 접촉 또는 내포시켜 위 ①~③의 열조작을 모두 수동적으로 행하게 하는 것이다. 이 축열방법은 태양열의 패시브 이용에 활용되고 있다.

예를 들면, 그림 4.21 (b)와 같이 투명단열재를 투과한 태양열을 구조체에 저장하고 실내에의 열전도의 위상지연이 약 반일이 되도록 설계해서 야간의 난방을 하도록 하는 것이 이것에 해당한다. 수동적인 축열은 구조가 단순한 반면 위 ①~③의 조작을 상황에 따라 제어하는 것이 곤란하므로 시스템 설계단계에서의 최적화가 중요해진다.

그림 4.22의 시스템은 위 ①~③의 열조작을 능동적으로 행하는 축열방법

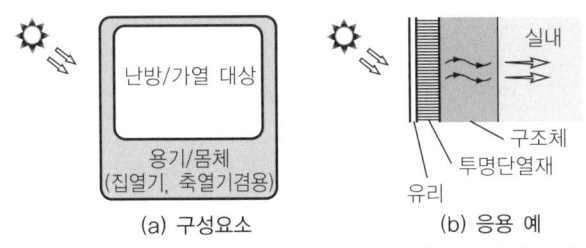

(a) 구성요소   (b) 응용 예

그림 4.21 수동적 축열장치의 구성요소와 벽축열난방에의 응용 예

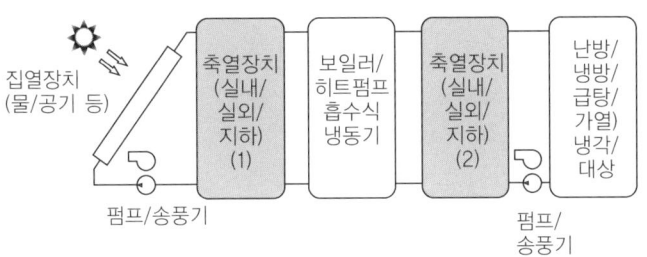

그림 4.22 태양열 이용 시스템의 설비구성 예

으로 태양열의 액티브 이용에 활용되고 있다. 그림에 나타낸 각 구성기기는 최종적인 목적에 따라 적절히 선택된다. 예를 들면, 가장 단순한 구성에는 집열기와 축열수조를 지붕에 설치하여, 태양열로 낮에 온수를 만들어 밤에 급탕에 이용하는 가정용 태양열 온수기가 이것에 해당한다. 그림에서 집열의 매체는 급탕에 그대로 이용되는 것이 많지만, 상온보다도 저온이 되는 시스템에서는 부동액이 이용되며, 반대로 고온이 되는 시스템에서는 유기물이나 염화물 등이 이용된다.

열매체가 물 이외인 경우에는 열교환기를 개재시켜서 집열계통과 축열계통 이후에서 달라지는 열매체를 이용하는 경우가 많다. 또한 난방이나 가열을 목적으로 할 때는 그대로 이용 가능한 공기가 열매체가 되어 이용되는 경우도 적지 않다. 축열장치 (1)은 공급량의 변동을 조절하는 역할을 맡고 있다. 열이용 대상에 대해서 축열장치 (1)의 출력이 온도 혹은 양적으로 부족한 경우에는 보일러나 히트 펌프, 흡수식 냉동기 등으로 조정할 필요가 있다. 그림 4.22의 축열장치 (2)는 수요량의 변동을 조절하는 역할을 맡고 있다. 이 때문에 축열장치 (1)과 축열장치 (2)는 어느 쪽이 생략되는 경우가 많다. 축열식 시스템을 설계할 때에는 각 구성기기의 열특성에 기초한 운전온도와 설비능력의 최적화가 필요하다.

2 축열이론

축열의 작용은 그림 4.23과 같이 개념화될 수 있다. 즉, 공급과 수요의 위상조절작용(그림 (a)), 공급의 증폭작용(그림 (b)), 공급의 평활화 작용(그림 (c))이다. 예를 들면, 위상조절작용은 낮에 취득한 태양열을 밤에 급탕으로 이용하는 경우에 활용되며, 공급의 증폭작용은 여름과 겨울에 정상적으로 취득한 태양열을 겨울에 집중적으로 난방이용하는 경우로 활용되며, 공급의 평활화 작용은 기상변동 중에 취득한 태양열을 정상적인 발전에 이용하는 경우에 활용된다. 단, 실제로는 이들 세 작용이 적당히 조합되어 활용되는 경우가 많다.

온도변화나 상변화에 의해 물질을 구성하는 원자 혹은 분자의 운동 에너지나 위치 에너지가 변화한다면, 열이 흡수되거나 혹은 방출된다. 또는 화학반응에 의해 원자나 분자의 결합구조가 변화한다면, 열이 흡수 혹은 방출된다. 이 현상들을 이용한다면 열을 일시적으로 저장할 수 있다.

온도변화에 의한 흡방열 작용을 이용하는 축열방법은 **현열축열**(Sensible Heat Thermal Energy Storage)이라 부르며, 상변화에 의한 흡방열작용

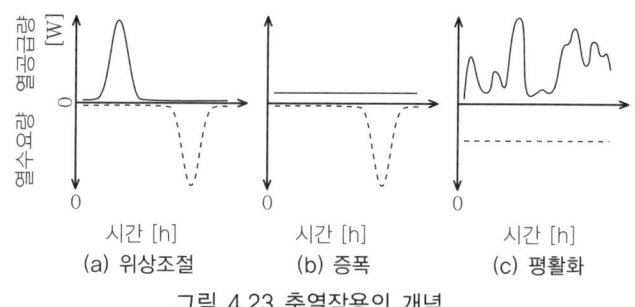

그림 4.23 축열작용의 개념

표 4.3 축열방법의 현상비교

평가항목	현열축열	잠열축열	화학축열
축열밀도	작다.	크다.	크다.
출력온도	항상 변화	상변화 중 안정	반응 중 안정
반복안정성	매우 높음	높음	낮음
응답성	빠름(대류지배)	늦음(전도지배)	늦음(확산, 반응지배)
경제성	저렴한 가격	재료가 한정되어 고가	재료·용기·압력 등이 특수하여 고가
기술수준	실제 예 다수	실예 적고 개발도상	연구단계로 정체

을 이용하는 방법은 **잠열축열(상변화 축열** : Latent Heat Thermal Energy Storage)이라 부른다, 물질의 화학반응을 이용하는 방법은 **화학축열**(Chemical Thermal Energy Storage)이라고 부른다. 단, 축열기능은 반복성이 전제되기 때문에 화학축열의 반응은 가역적일 필요가 있다. 각각의 축열방법이 특징을 정리해보면, 표 4.3과 같이 된다. 현열축열은 실시 예가 많이 있고, 기술적으로 성숙해가고 있다.[7],[10] 잠열축열은 반복안정성이나 경제성에 과제가 있고, 실증의 도상에 있다. 화학축열은 재료적합성을 시작으로 여러 가지 과제가 미해결인 채로 남아 있고, 연구단계에 있다.[7],[11]

현열의 축열량 Q_s[J], 잠열의 축열량 Q_l[J], 반응의 축열량 Q_r[J]는 각각 다음 식으로 주어진다.

$$Q_s = m \int c(T) \, dT \qquad (4.3)$$

$$Q_s \approx mc\,\Delta T = \rho V c \,\Delta T \qquad (4.4)$$

$$Q_l = m \,\Delta_f H M_f \qquad (4.5)$$

$$Q_r = n \,\Delta_r H R_f \qquad (4.6)$$

단, c : 비열 [J/g/K], $c[T]$: 온도 T에서의 비열 [J/g/K], M_f : 융해비율, m : 질량 [g], n : 몰수 [mol], R_f : 반응비율, T : 온도 [K], V : 체적 [m³], $\Delta_f H$: 융해열 [J/g], $\Delta_r H$: 반응열 [J/mol], ΔT : 온도변화 [K], ρ : 밀도 [g/m³]이다. 물질의 비열의 온도의존성이 작은 경우, 혹은 축열 시의 온도변화가 작을 경우 식 (4.3)은 식 (4.4)로 근사하는 것이 가능하다. 현열축열

의 축열량은 식 (4.3)만으로 지배되지만 잠열축열에서는 현실적으로는 상변화의 전후에 적당한 온도변화도 따르므로 축열량은 식 (4.3)과 식 (4.5)의 혼합식으로 지배된다. 같은 모양으로 화학축열에서는 반응의 전후에 온도변화나 상변화가 들어가는 경우가 많고, 축열량은 식 (4.3)과 식 (4.6)의 혼합식, 혹은 식 (4.3)과 식 (4.5), 식 (4.6)의 혼합식으로 지배된다.

축열장치의 성능을 측정하는 대표적인 지표로서 다음 식의 축열효율 η가 사용되지만 식의 분모를 축열가능한 에너지로 대신한 효율이 사용되는 경우도 있다.

$$\eta = Q_{out} / Q_{in} \tag{4.7}$$

단, Q_{out} : 추출 에너지 [J], Q_{in} : 주입 에너지 [J]이다.

또한 온도의존성이 큰 태양열 이용 시스템에서는 위의 효율만으로는 저장 중의 온도변화의 영향을 알기 어려우므로 유효 에너지(엑서지) 효율이나 온도효율이 병용되는 경우도 있다.

3 축열재

원리적으로는 모든 물질이 축열재가 될 수 있지만, 비열이나 전이점, 전이열 등의 열특성 외에 내열성이나 조해성(潮解性), 풍해성 등의 안정성·부식성·유해성·경제성 등 여러 조건으로부터 실용적인 재료는 한정되어져 간다. 표 4.4에 실용적인 축열재의 예를 보였다.[(12),(13)] 표와 같은 물성치표를 설계에 이용할 때에는 물성치가 순도나 온도, 압력 등에 의존하는 것에 주의할 필요가 있다. 또한 융해열을 이용하는 경우는 일단 융점 미만의 온도가 되었을 때 응고를 개시하는 과냉각 현상에 주의할 필요가 있다. 과냉각의 정도는 물질에 따라 달라지는 것뿐만 아니라 냉각 속도나 체적 등의 용량적 상태량의 영향도 받는다. 과냉각도가 큰 물질에서는 적당한 발핵재의 첨가나 발핵장치의 부가가 필요한 경우도 있다.

4 축열장치

그림 4.22의 축열장치에서는 열의 ①주입, ②보존, ③배출의 세 조작을

표 4.4 축열재와 그 물성치의 예

물질명	밀도 [kg/m³]		비열 [kJ/kg·K]		융점 [℃]	융해열 [kJ/kg]
	고상	액상	고상	액상		
만니톨	1400	1390	1.6	2.9	167	304
에리트리톨	1480	1300	1.4	2.8	118	320
파라핀(75℃)	930	780	1.7	2.1	74	223
초산나트륨 3수화물	1440	1280	2.0	3.4	58	260
황산나트륨 10수화물	1460	1330	1.9	2.9	32	251
물	917	997	2.1	4.2	0	334
현무암	2670	–	1.0	–	–	–
롬	1230	–	2.8	–	–	–
모래+점토(함수율 22%)	1960	–	1.2	–	–	–
내화벽돌	1800 – 3600	–	0.8 – 1.1	–	–	–
석회암 콘크리트	2400	–	0.9	–	–	–

행하기 위한 기구가 필요하다. 이 때문에 축열장치의 대부분은 그림 4.24 중 하나의 구조를 하고 있다. 태양열 온수기와 같이 열매체가 축열재도 겸하는 경우에는 그림 (a)와 같이 배관 중에 열매체를 저장하는 조를 설계해 필요에 따라 열매체를 주입, 배출하는 것으로 위 ①~③의 열조작을 행하게 하는 것이 가능하다.

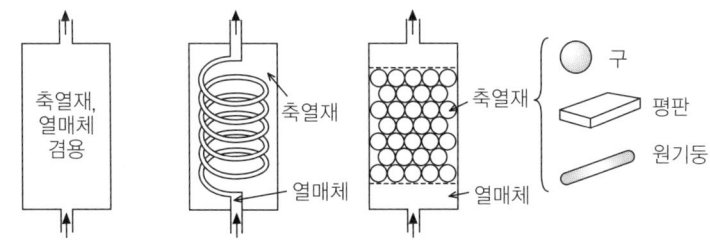

(a) 축열재·열매체 병용 (b) 열매체관 이용 (c) 축열 캡슐 이용

그림 4.24 축열장치의 대표적인 구조

열매체가 축열장치의 동작온도역에서 항상 액상의 경우는 현열에서의 축열로 되지만 열매체가 탄화수소나 프론 등의 수화물(포접화합물, 클래스레이트, 하이드레이트), 혹은 얼음 슬러리와 같은 유동성이 있는 물질의 경우에는 잠열에서 축열이 된다. 축열조는 단일인 경우도 있으며 건축물 지하의 이중마루공간을 연결하는 경우도 있다.

그림 4.24 (a)의 축열장치에 있어서 유입하는 열매체의 운동에 의한 축열조 내의 교반작용이 강한 경우에는 혼합형의 축열조로 되어 그림 4.23 (c)의 평활작용이 높은 반면, 조 내의 온도가 균일화되기 쉬우므로 유효 에너지를 잃기 쉽다.

한편, 확산판이나 정류판에서 축열조 내를 압출 흐름에 가까워진 **온도성층형**의 축열조는 열매체의 밀도차에 기인하는 온도성층의 형성이 촉진되므로 주입된 유효 에너지를 보존하기 쉽다. 그러나 축열장치 상류측의 집열장치의 효율은 집열온도가 낮을수록 높아지고, 축열장치 하류측의 히트 펌프 등의 효율은 축열장치의 출력온도가 높을수록 높아지기 때문에 태양열 이용에서는 혼합형보다도 온도성층형의 축열장치를 이용하는 방법이 효율적으로는 유리하다.[7],[14] 저수지를 축열조로 하는 솔라 폰드(solar pond)는 농도경사에 의한 밀도차나 고점성을 이용해서 축열조 내의 자연대류를 억제하는 축열장치이며 온도성층형과 사고방식이 유사하다.[8]

한냉지에서 집열장치에 부동액을 순환시키는 경우 등, 열매체와 축열재를 격리할 필요가 있는 경우에는 그림 4.24 (b)나 (c)의 구조가 채용된다. 그림 (b), (c)의 축열재에는 표 4.4에 보인 것과 같은 물질을 이용하는 것이 가능하다. 그림 4.24 (b)나 (c)의 구조에서는 열매체와 축열재 사이의 열교환 속도가 장치의 열시상수(熱時常數)를 결정하는 큰 요인이 되므로, 양자의 접촉면적을 넓게 하는 연구나 온도차를 크게 하는 연구가 필요하다.

이 때문에 축열재의 취급성의 향상도 겸해서 그림 (c)와 같이 축열재를 구 모양이나 원기둥 모양, 평판 모양의 복수의 소용기에 충전하여 이용하는 것이 많다. 그림 (b)의 축열재에 토양을 이용한 것은 **토양축열**이나 **지중축열**이라 부르고, 그림 (c)의 축열재에 지하대수층의 암석이나 모래를 이용하는 것

은 **대수층축열**이라 부른다. 이 모두가 대량의 열의 장기저장(**계간축열**)을 지향하고 있다.[8],[14]

5 축열효과를 높이는 기기

축열장치를 이용함으로써 열공급의 불안정성을 완화시키는 것이 가능하지만, 공급열량의 변동이나 축열장치의 능력을 넘을 경우, 혹은 공급온도가 수요측의 요구보다도 낮을 경우에는 어떠한 보조열원을 사용할 필요가 있다. 특히 태양열 이용 시스템에서는 설비가동률을 높게 해서 비용 대 효과를 높이기 위해 태양열에의 의존율을 설계단계에서 6할 정도로 억제하는 경우도 많다.

또한 동계에는 하계보다도 집열효율 및 집열온도가 저하하기 쉽다. 이 때문에 태양열 이용 시스템에는 보일러나 **히트 펌프(열 펌프)**가 보조열원으로서 포함되어 있는 경우가 일반적이다. 또한 급탕이나 난방, 가열의 수요는 일반적으로 하계에 저하하기 때문에 남는 태양열로 흡수식 냉동기를 구동하고, 냉방이나 냉각을 행하게 하는 경우도 적지 않다.

히트 펌프는 저온열원에서 열을 뽑아 올려 가열대상의 온도를 높이는 장치이며 냉동기와 표리일체의 관계에 있다. 그림 4.25에 압력 엔탈피 선도로 나타낸 히트 펌프 사이클과 설비의 구성 예를 보였다. 압력 엔탈피 선도는

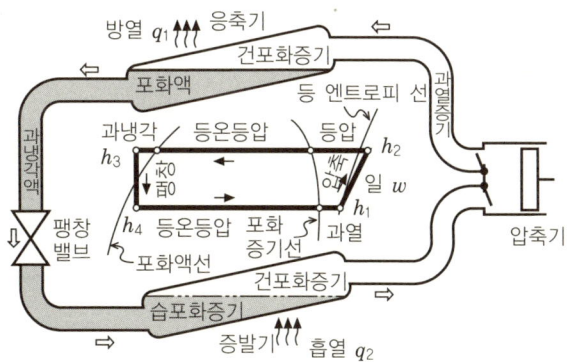

그림 4.25 압력 엔탈피 선도로 나타낸 히트 펌프 사이클과 설비 구성 예

설비에 충전된 열매(熱媒)의 압력을 종축에 취하고, 엔탈피를 횡축에 취한 것이다. 엔탈피는 열매의 온도에 의존하는 내부 에너지(원자, 분자의 운동 에너지와 원자, 분자 간의 위치 에너지의 합)와 압력이나 체적에 의존하는 거시적인 운동에 필요한 일과의 합을 나타낸다. 히트 펌프는 물질을 고유의 온도(역전온도) 이하로 수축 팽창시키면 온도가 저하하는 줄-톰슨 효과를 이용하고 있다.

즉, 그림 4.25와 같이 열매를 압축기에서 가열하여 응축기에서 방열시켜서 액화시킨 후, 팽창 밸브로 기화시킨다면 증발기에서 저온열원으로부터 열을 뽑아 올리는 것이 가능하다. 열매에는 프론이나 암모니아·물·탄화수소·이산화탄소 등이 이용된다. 히트 펌프의 성적계수 η_h는 그림 4.25의 선도의 기호를 이용하면 다음 식으로 나타난다.

$$\eta_h = q_1/w = (h_2 - h_3)/(h_2 - h_1) \tag{4.8}$$

그림 4.5에서 뽑아 올린 열 q_2의 쪽을 이용한다면, 이 장치는 냉동기가 된다. 냉동 사이클의 성적계수는 식 (4.8)에서 분자의 q_1을 q_2로 대체한 것이 되므로 히트 펌프의 성적 계수는 냉동기보다도 1만큼 더 크게 된다. 식 (4.8)과 같이 압축 일 w가 작을수록, 즉 흡열측의 온도가 높을수록 히트 펌프의 효율은 높아지지만, 태양집열장치의 효율은 온도가 높아질수록 낮아지므로 시스템 효율을 좋게 하기 위해서는 설비간의 동작온도의 고찰도 필요해진다.

흡수식 냉동기는 그림 4.25의 경우의 냉매의 기계적인 압축과정을 그림 4.26과 같이 주로 열적인 조작으로 행해지도록 한 것이다. 이것을 실현하기 위해 흡수 냉동기의 작동유체는 2성분 혼합체가 이용된다. 그림 4.26에서, 흡수기로 냉매를 흡수해 농도를 저하시킨 용액은 용액열교환기로 가열되면서 재생기에 들어간다.

재생기에서는 구동열원의 가열에 의해 용액부터 냉매가 증발하여 용액의 농도가 높아진다. 농도가 높아진 용액은 희용액과의 열교환으로 냉각된 후에 흡수기로 돌아온다. 재생기에 의해 용액으로부터 증발한 냉매증기는 응축기에서 냉각되어 액상이 된 후 증발기 내로 유입되어 저온저압 하에서 증

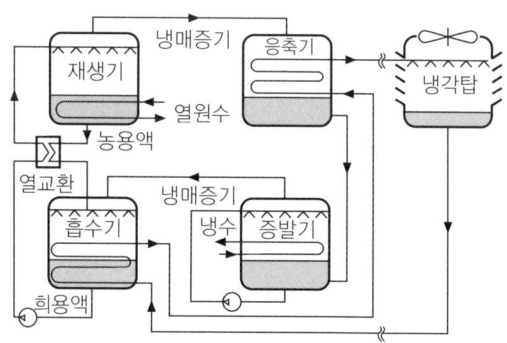

그림 4.26 흡수식 냉동기의 설비 구성 예

발하여 기화열로 냉각대상의 냉수에서 흡열한다. 증발기로 증발한 냉매증기
는 흡수기에 유입되어 용액열 교환기로부터 돌아온 농용액에 흡수되어 순환
이 한 차례 이루어진다. 흡수용액과 냉매에는 물과 암모니아, 혹은 브롬화
리튬과 물 등의 조합이 이용된다. 흡수식 냉동기의 성적계수는 재생과성의
단수에 강하게 의존하고, 재생과성이 일단의 단효용형(單效用形)에서는 약
0.7이지만, 2단의 이중효용형에서는 약 1.2로, 3단의 삼중효용형에서는
1.7로 상승한다. 다만, 단수가 많아지면 보다 고온의 열원이 필요해진다.[15]

태양열 이용 시스템에서는 100℃ 이하의 집열온노가 일반적이기 때문에
태양열 딘독으로 운전 가능한 단효용형이 사용되는 경우가 많지만, 고온의
열은 연료로 발생시켜, 저온의 열에 태양열을 이용한다면 다중효용형에의
태양열 이용도 가능해진다. 흡수식 냉동기의 흡수조작을 실리카겔이나 제올
라이트 등의 흡착조작으로 치환시킨 흡착식 냉동기도 같은 양상의 원리로
태양열을 이용할 수 있다.

4.4 냉열 이용기술

1 설빙 에너지와 그 이용대상

대기권에 입사하는 태양 에너지 중 약 2할(40PW)은 증발, 강우현상의 에너지로 변환되고 있다. 그 양은 세계에서 소비되는 에너지의 약 3000배에 상당한다.[17] 강우에는 위치 에너지와 열에너지가 포함되어 있고 위치 에너지는 높은 장소에서 낮은 장소로 물의 흐름으로 주어지고, 열에너지는 주로 눈이나 우박의 형태로 주어진다.

지구에 내리는 눈의 양은 $(2 \sim 3) \times 10^{16}$kg/y이며, 그 3분의 2가 지상에 내린다고 추정되고 있다.[18] 물의 융해열은 333.6kj/kg 이어서, 지상에 내리는 눈은 그 융해열만으로도 0.1~0.2PW의 저온 에너지를 내포하고 있는 것으로 되며, 그 적극적인 활용이 기대된다. 우박은 뇌우와 함께 내리는 경우가 많고, 히트 아일랜드가 존재하는 도시에서는 뇌우의 발생횟수가 많으므로 이런 도시일수록 우박이 내릴 기회도 많지만, 우박을 유효하게 이용하는 기술은 개척되지 않았다.

눈의 적극적인 이용에 관한 연구는 일본에서는 1980년대를 중심으로 발전하였다. 예를 들면, 갈수기간의 수자원으로서의 이용,[19] 식료저장 시스템,[20] 집적냉방 시스템,[21] 온도차 발전에의 이용[22] 등이 검토되어 그 이후의 각종 실증연구로 발전해 왔다.

설빙의 냉열 에너지로서 검토되고 있는 이용방법과 그 특징을 정리하면, 표 4.5와 같다. 표에서 필요온도대는 이용대상이 기능하기 위해 필요한 온도역을 대략 나타내고 있다. 이용대상에 필요한 온도가 설빙온도에 가까울수록 설빙의 저장량은 많이 필요하지만, 저장된 에너지를 유효하게 이용하

표 4.5 눈의 냉열이용의 상황 비교

이용대상	필요 온도대	특징	주의점	실용성
식료저장, 수송	0~5℃	음식맛 증진/유지	위생관리	높다.
냉방, 제습	5~30℃	고밀도 저장	저부가가치	한정
발전	0~5℃	고효율	환경보호	낮다.

는 것이 가능하다. 반대로 이용온도가 설빙온도보다 높아질수록 설빙의 저장량은 적어지지만, 에너지의 유효한 이용이 어려워진다. 또한 이용대상의 부가가치 그 자체가 크게 달라져서, 식료저장의 부가가치는 매우 높지만 냉방의 부가가치는 다른 것과 비교해 낮다. 즉, 에너지나 경제적으로 식료저장은 설빙의 이용가치가 높고, 반대로 냉방은 이용가치가 낮다.

2 설빙에 의한 식료저장·수송

역사적으로는 설빙 그 자체를 장기보존하고, 음료용으로 제공하는 것이 기원전부터 행해졌고, 한랭지에서 설빙을 수송하여 이용하는 것도 행해져 왔음을 알 수 있다. 게다가, 고위도의 여러 나라에서는 지하 동토 속에 식료 저장고를 만드는 것도 옛날부터 행해져 왔다(그림 4.27 (a)).

일본에서도 빙실에 의한 얼음의 장기보존이나 고지에서의 설빙수송 등이 행해져 왔다. 빙실은 지면에 판 구멍에 설빙을 넣어 나무의 가지나 잎이나 톱밥, 멍석 등으로 덮음으로써 만들어졌다(그림 (b)). 냉동기의 출현과 함께 빙실의 기능적인 필요성은 없어졌지만, 자연 에너지 이용의 관점에서 설빙

(a) 냉장고의 구조

(b) 빙실의 구조

그림 4.27 동토지하 냉장고와 빙실의 구조

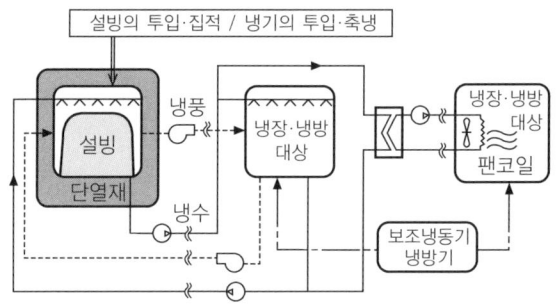

그림 4.28 설빙냉장·냉방 시스템의 구성 예

에 의한 식료저장이 재인식되고 있다.

　현재의 빙실은 그림 4.28과 같은 구성으로 설치된다. 즉, 단열을 행한 공간에 설빙을 투입하거나 물을 시작으로 하는 축열재를 충전한 용기에 냉기를 도입해서, 동계에 설빙온도의 축열을 행하게 한다. 저온의 열공급이 필요하게 된다면, 저장된 설빙에 살수(撒水)해서 냉수를 만들거나 공기를 흐르게 해서 냉기를 만들어 냉장·냉방대상에 공급한다.

　냉수나 냉기는 순환사용한다. 예를 들면, 동계에 수집한 눈을 그림 4.29와 같이 평지형 눈 댐에 저장하고, 하계까지 그 냉열을 이용한다면, 눈 댐

그림 4.29 눈 이용 식료저장 실험시설의 예
(아키타현 유자와시, 1991년 3월 필자 촬영)

표 4.6 식료의 물성치·저장조건 예

식료명	함수율 [%]	동결점 [℃]	동결잠열 [kJ/kg]	비열		보관조건			저장기간
				동결 전 [kJ/kg/K]	동결 후 [kJ/kg/K]	온도 [℃]	습도 [%]	호흡열 [mW/kg]	
인삼(머리성숙)	88.0	-1.4	293	3.8	1.9	0	98~100	42	5~9월
감자	78.0	-0.6	258	3.4	1.8	3.3~10	90~95	18	5~8월
사과	84.0	-1.1	281	3.6	1.9	-1.1~4.4	90	14	3~8월
연어	64.0	-2.2	214	3.0	1.6	-0.5~1.1	95~100	-	18일
소고기(생평균)	69.5	-2.0	231	3.2	1.7	0~1.1	88~92	-	1~6주
체더 치즈	37.0	-13.3	123	2.2	1.3	-0.5~1.1	65~70	-	18월

직하의 지하실에 반입한 야채 등의 식료를 보냉저장하는 것이 가능하다.[20] 구동기간 중에 냉장·냉방대상의 필요온도 혹은 열량이 부족한 경우에는 보조냉동기나 냉방기를 설치할 필요가 있다.

식료저장에 필요한 온도는 보존기간의 면에서는 저온일수록 좋지만, 음식 맛의 증진이나 유지의 면에서는 빙점근방에서의 저온에 의한 저상이 적합하다. 예를 들면, 쌀 저장온도의 음식 맛에 대한 영향은, 상온에서 빙점 정도까지는 저온일수록 맛이 좋아지지만 빙점 이하에서는 맛이 떨어진다는 보고가 있다.[23]

빙점 근방에서의 식료의 물성치와 저장조건의 예를 표 4.6에 보였다.[24] 표와 같이 품종마다 적당한 온도나 습도, 저장기간이 달라지므로 복수품종의 저장을 행할 경우에는 저장하고 있는 빙설냉열의 능력에 따른 저장계획을 세울 필요가 있다. 쌀의 경우에는 비축도 포함한다면 저장량이 커지는

그림 4.30 인공동토 시스템의 구성 예

것이나 다습에 의한 열화를 피하기 위해 단일종에서의 저장이 적당하다.[23],[25]

동토냉장고에 대해서는 냉동기나 설빙변환기를 이용한 기계적인 방법 외에 그림 4.30과 같은 히트 파이프를 이용한 정적인 방법 등이 제안되고 있지만, 경제성을 중심으로 해결해야 할 과제가 많다.

설빙을 이용한 저온에서의 식료수송은 신선도 보존의 수단으로서 종래부터 행해져 왔지만, 특히 빙온에서의 수송에 의한 음식맛 증진/유지효과가 기대되고 있다. 예를 들면, 활어·조개류의 건식빙온수송에 눈을 이용하는 것이 검토되고 있다.

3 설빙에 의한 냉방

설빙에 의한 냉방 시스템도 기본적인 설비구성은 그림 4.28에 나타난대로지만 식료저장과 크게 다른 점은 필요한 온도와 빙점과의 차이가 크다는 것이다. 또한 쌀이나 감미류 등의 예외를 뺀 식료저장에서는 불필요한 습도 조절이 필요한 점이다. 이 때문에 설빙고와 냉방대상과의 사이에는 댐퍼나 삼방향 밸브에 의한 온도와 습도의 자동제어가 필요하게 된다. 설빙고와 냉방향 대상실과의 사이에 직접 공기를 순환시키는 방법으로는 먼지나 암모니아와 같은 수용성 가스가 눈으로 정화되기 쉬우므로 공기청정효과도 겸한 냉방을 행하게 할 수 있다.

단, 그림 4.29와 같이 실외에서의 눈은 쉽게 오염되기 때문에 집설기간을 포함한 외기와의 차단이 중요하다. 설빙고와 냉방대상실과의 사이에 빙수를 순환시키는 방법에는, 설빙고로부터 냉방대상실에의 공기오염과 냉방대상실 상호의 오염도 방지하는 것이 가능하다.

4 설빙에 의한 발전

해양온도차 발전과 같은 사고방식으로 설빙에 의한 발전이 검토되어 왔다. 즉, 암모니아나 프론 등의 저온도 비등점 열매를 펌프로 증발기에 압입하고, 태양열이나 지열, 배기열로 기화시켜 발전 터빈을 회전시키고 팽창한

열매는 눈의 냉열로 응축시켜서 랭킨 사이클(Rankine cycle)을 형성한다.

단, 고온열원과 저온열원과의 온도차가 크지 않으므로 발전효율은 10% 정도로 한정된다. 이 외에 온도차를 이용해서 저온도 비등점 열매의 열 사이펀을 구동하고 응축액의 자유낙하로 발전하는 기술도 검토되고 있지만, 밀도가 큼으로써 작동유체로서 가장 적합한 프론은 환경에 대한 영향이 문제가 되며, 앞으로 개량이 요구된다.

5 설빙이용의 경제성

에너지와 환경의 양면에서 설빙의 냉열이용의 중요성이 증대하고 있지만, 기대될 정도로는 이용시설이 증가하고 있지 않다. 그 원인은 경제성의 문제가 크다. 예를 들면 각종 눈의 냉열이용형태를 가정하고, 눈 이용에 의한 경우와 전기단독이용에 의한 경우와의 설비비를 포함한 필요경비가 계산된 보고[28]로부터, 전기단독의 경우를 1로 하고 눈 이용과의 경제성을 비교하면 그림 4.31과 같아진다.

전기요금은 연료가격에 의존해서 변동하므로 보편적인 평가는 할 수 없지만, 현재 상황에서는 극히 일부의 예외를 제외한 설빙의 냉열이용은 높은 코스트가 된다. 그 원인은 눈 이용의 설비비가 크다는 것과, 그것을 회수 가

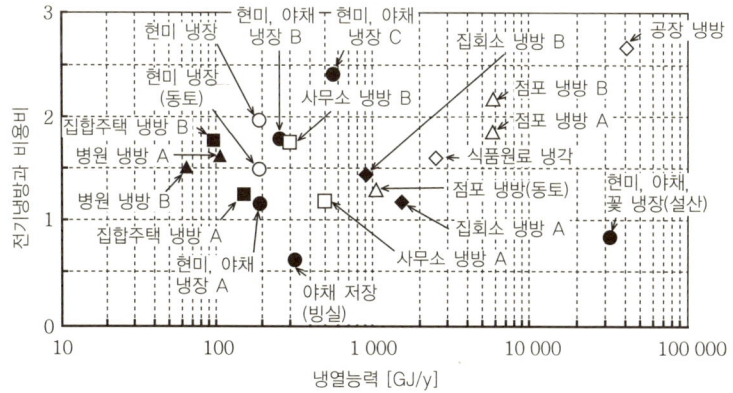

그림 4.31 눈 이용 냉장·냉방설비와 전기에 의한 시설과의 경제성 비교

능한 만큼의 운전비의 경감효과가 기대되지 않는 데에 있다. 그림 4.13에 의하면 경제성은 시설의 규모에 의존하고 있지 않다. 단, 개인주택과 같이 규모가 지나치게 작은 경우에는 운전비에 대한 설비비의 비중이 너무 높아 져서 보다 경제적으로 불리하게 되는 경우가 보고되고 있다.[29]

그림에 따라 계산하면 가장 경제성이 높은 시설은 냉수나 냉기의 반송을 동반하지 않는 옛부터 전해온 빙실방식이다. 또한 그림의 설산에 따라 계산 하면 동계의 눈퇴적장을 눈 이용시설의 저설장과 겸하도록 한 경우의 계산 으로, 집설비용은 계상되지 않는 것이다.

즉, 눈의 냉열이용의 경제적 문제는 가능한 한 제설을 겸한 집설, 저설을 행하는 것이나 가능한 한 운전동력을 사용하지 않는 저장/냉방 시스템으로 의 개선이 기대된다.

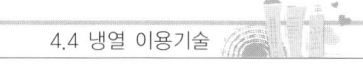

참고문헌

（ 1 ）　日本太陽エネルギー学会編：太陽エネルギーの基礎と応用，オーム社
（1978）

（ 2 ）　新太陽エネルギー利用ハンドブック編集委員会編：新太陽エネルギー利
用ハンドブック，日本太陽エネルギー学会（2001）

（ 3 ）　W. T. Welford, R. Winston: "The Optics of Nonimaging Concentrators",
Academic Press（1978）

（ 4 ）　H. Hinterberger, R. Winston: Rev. Sci. Instr., 37, p. 1094（1966）

（ 5 ）　作田，他：日本太陽エネルギー学会研究発表会論文集，p. 125（1983）

（ 6 ）　L. L. Bant-Hull, A. F. Hildebrant: Solar Energy, 18, p. 31（1976）

（ 7 ）　新太陽エネルギー利用ハンドブック編集委員会編：新太陽エネルギー利
用ハンドブック，第6章　蓄エネルギー，p. 167～190，日本太陽エネルギー
学会（2000）

（ 8 ）　長島昭，関信弘編：蓄熱工学1［基礎編］，森北出版（1995）

（ 9 ）　岩田博，関信弘編：蓄熱工学2［応用編］，森北出版（1995）

（10）　化学工学会蓄熱・増熱・熱輸送技術特別研究会編：蓄熱技術—理論とそ
の応用—第Ⅰ編—「蓄熱技術概論，顕熱蓄熱」，信山社（1996）

（11）　化学工学会蓄熱・増熱・熱輸送技術特別研究会編：蓄熱技術—理論とそ
の応用—第Ⅱ編—「潜熱蓄熱，化学蓄熱」，信山社サイテック（2001）

（12）　平野聡：相変化蓄熱，日本エネルギー学会誌，81, 8, p. 691～699（2002）

（13）　日本機械学会：5. 固体の物性値，伝熱工学資料　改訂第4版，p. 320～
322，日本機械学会（1986）

（14）　新太陽エネルギー利用ハンドブック編集委員会編：新太陽エネルギー利
用ハンドブック，第2章　蓄熱技術，p. 432～460，日本太陽エネルギー学
会（2000）

（15）　新太陽エネルギー利用ハンドブック編集委員会編：新太陽エネルギー利
用ハンドブック，9・3　冷凍機とヒートポンプ，p. 286～300，日本太陽エ
ネルギー学会（2000）

（16）　M. K. ハバート：地球のエネルギー資源，サイエンス，1, 3, p. 39，日
本経済新聞社（1971）

(17)　日本エネルギー経済研究所：2. Primary Energy Consumption，2004 EDMC/エネルギー・経済統計要覧（英文版），p.252～253，省エネルギーセンター（2004）

(18)　前野紀一：雪氷学と雪氷物性，基礎雪氷学講座第Ⅰ巻 雪氷の構造と物性，p.11，古今書院（1986）

(19)　川田剛之，門脇信夫，上野季夫：冬季積雪データ利用による渇水期の水資源エネルギーの最適管理に関する研究，自然エネルギーの研究　昭和61年度研究成果報告書，文部省，p.151（1987）

(20)　三井造船，エンジニアリング振興協会：雪の冷熱エネルギー利用システムに関する実証試験報告書（1991）

(21)　梅村晃由，早川典生，白樫正高，福嶋祐介：積雪の冷熱利用に関する研究，自然エネルギーの研究　昭和61年度研究成果報告書，文部省，p.147（1987）

(22)　佐藤幸三郎，岡村秀勇，鈴木幸雄，荒木喬，道上宗己，塩原鉄郎，対馬勝年：自然エネルギー（太陽，地熱，雪）利用温度差発電に関する研究，自然エネルギーの研究　昭和59年度研究成果報告書，文部省，p.177（1985）

(23)　名木豊，熊谷興身，本橋宣正，谷口健雄，藤倉潤治：豪雪地帯利雪型米備蓄基地構想—利雪型サイロ方式準氷温米貯蔵システムによる米備蓄—，克雪・利雪技術研究 1992，p.125～133，日本システム開発研究所（1992）

(24)　American Society of Heating, Refrigeration and Air-Conditioning Engineers Inc.（ASHRAE）: 1986 ASHRAE Handbook-Refrigeration Systems and Applications, ASHRAE（1986）

(25)　井上崇司，石見尚：利雪農業の農村工学的評価とその利用方法，克雪・利雪技術研究 1992，p.140～143，日本システム開発研究所（1992）

(26)　山根昭彦：雪を利用した生鮮食料品の長距離輸送技術，克雪・利雪技術研究 1994，p.151～158，日本システム開発研究所（1994）

(27)　対馬勝年：雪の冷熱利用，克雪・利雪技術研究 1988，p.105～107，日本システム開発研究所（1988）

(28)　雪氷冷熱エネルギー導入ガイドブック作成調査検討委員会：雪氷冷熱エネルギー導入ガイドブック，p.97～156，新エネルギー・産業技術総合開発機構（2002）

(29)　西岡哲平：雪を利用した住宅冷房の可能性，克雪・利雪技術研究 1988，p.122～130，日本システム開発研究所（1988）

05

건축과 주거환경

태양광에 의한 자연채광, 일사열을 실내에 들여넣는 태양열 난방, 바람이나 온도차를 이용한 통풍·환기 등 자연 에너지를 건축의 환경조정에 활용하는 효과는 매우 크다. 소비 에너지를 대폭으로 삭감하는 것뿐만 아니라 쾌적성도 높인다. 또한 지붕에 집열기를 설치해서 난방과 동시에 급탕에 이용하는 것도 효과가 높다.

본 장에서는 건축의 실내환경조정에 자연 에너지를 활용하는 경우의 기초가 되는 사항, 즉 인체의 온열감각과 쾌적기준, 건물의 난냉방 부하, 공기질과 환기의 원리, 광환경조정의 원칙과 수법, 난방의 방식이나 쾌적성 등을 간단하고 분명하게 설명하고 그 실예로서 대표적인 패시브 솔라 하우스, 액티브 솔라 하우스를 보인다.

5.1 실내 온열환경과 냉난방 부하

 생활수준의 향상과 함께 실내온열환경에는 보다 높은 쾌적성이 요구되고 있다. 그러나 다른 한편으로는 지구온난화 방지를 위한 냉난방용 에너지의 삭감이 중요한 과제로 되고 있다. 본 절에서는 이들의 양립을 고려한 뒤에 기초가 되는 실내온열환경의 쾌적성에 영향을 주는 요인과 그 평가지표, 및 난냉방 시의 열부하와 체감을 고려하여 이것을 삭감하는 방법에 대해서 서술한다.

■1 실내온열환경의 쾌적성과 평가지표

(1) 인체의 체온조절기구와 열평형

 인체의 온도는 부위에 따라 다르지만, 통상 인체표면(shell)의 온도(외층온)보다도 인체내부(core)의 온도(핵심온) 쪽이 높고, 핵심온도는 환경온도와 관계없이 37℃ 정도로 일정하게 유지되고 있다. 음식물에 의해 섭취된 에너지는 그 대부분이 열로 변환되어 이 산출열량과 방출열량이 평형상태에

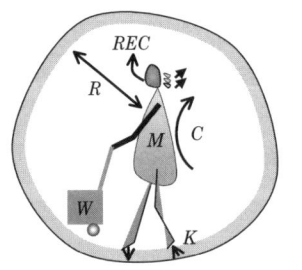

M : 대사량
W : 기계적 일량
C : 대류에 의한 열수수량(현열)
R : 방사에 의한 열수수량(현열)
K : 전도에 의한 열수수량(현열)
E : 증발에 의한 열손실량(잠열)
RES : 호기에 의한 열손실량(현열·잠열)

온열환경요소
기온
습도
기류
표면온도
(일사)

$$M - W \pm R \pm C \pm K - E - RES = 0$$

그림 5.1 인체와 환경의 열평형

있다면 핵심온도는 일정하게 유지된다. 그림 5.1은 인체와 환경과의 열평형을 나타낸 것이다. 체내에서 산출된 열량은 피부표면에서 대류·방사·전도·증발과 호흡에 의해서 체외로 방출된다. 인체와 환경과의 열평형에 대해서는 기온, 기류속, 주위의 표면온도, 습도 및 활동상태(대사량), 착의의 단열량의 6요소에 의해서 나타낼 수 있다.

(2) 온도감각, 온열감각(온냉감), 열적 쾌·불쾌감

피부혈류, 떨림, 발한과 같은 자율성 체온조절반응은 피부에 분포하는 온·냉수용기에 의한 온도정보(온각·냉각)를 기초로 일어나게 된다. 온·냉각은 "온도감각"이라고도 부르며, 예를 들면 "뜨겁다·따뜻하다·차갑다"와 같은 말로 표현되는 감각이다.

한편 착의나 냉난방과 같은 행동성의 조절은 더위·추위나 그것에 관한 쾌·불쾌 등의 주관적 판단을 기초로 행해진다. 예를 들면 "덥다·따뜻하다·차갑다·시원하다"와 같은 말로 표현되는 "온열감각(온냉감)"은 온·냉수용기로부터의 온도정보와 생체 내부의 온도정보와의 통합에 의해 일어난다고 여겨지고 있지만, 그 발현기구에 대해서는 아직 명확하지 않다.

또한 온도감각·온열감각을 기초로 생기는 쾌적감에 대해서는 "불쾌하지 않은(쾌불쾌로서 의식되지 않는/중립)" 레벨과 "쾌적하다고 의식되는" 레벨로 인식되는 조건이 다르기 때문에 구별해서 생각할 필요가 있다. 전자는 "소극적 쾌적(혹은 생리적 쾌적/comfort)", 후자는 "적극적 쾌적(심리적 쾌적/pleasant)"이라 부른다.

(3) 온열환경 평가지표

팽거(P. O. Fanger)는 인체에서 열평형이 유지되고, 평균피부온도[*1] 및 피부면에서의 증발열 손실량이 어느 정도의 범위 내에 있다면, 열적중립상태, 즉 "더위와 추위를 느끼지 않는" 상태가 된다고 가정했다. PMV(Predicted Mean Vote)는, 위의 6요소를 기초로 산출된 인체의 열부하량[*2]과 약 1300명의 피험자 실험에서 온냉감 신고를 대비시킴으로써 고찰된 지표이며 일정하고 균일한 온열환경조건에서 인체가 열적으로 안정한 상태에 있을 때의 평균적인 온냉감을 예측한다(그림 5.2)(ISO7730).

1. (-3) Cold	춥다.
2. (-2) Cool	시원하다.
3. (-1) Slightly Cool	조금 시원하다.
4. (0) Neutral	덥지도 춥지도 않다.
5. (+1) Slightly Warm	조금 따뜻하다.
6. (+2) Warm	따뜻하다.
7. (+3) Hot	덥다.

그림 5.2 PMV지표치(온냉감 척도)[*3]

또한 PPD(Predicted Percentage of Dissatidfied : 어느 PMV일 때에 예측된 불만족자의 비율)는 PMV의 함수로서 산출된다. ISO7730은 -0.5 <PMV< +0.5, PPD<10%를 쾌적범위로서 추천 장려하고 있다. 또한 여기서 말하는 쾌적범위란 소극적 쾌적 레벨이다. 표 5.1은 PMV에 의해 평가 가능한 조건범위, 표 5.2는 그 외의 주요한 온열환경 평가지표이다.

표 5.1 PMV의 추천장려 적용범위

대사량	46~232W/m² (0.8~4met)
착의량	0~0.31m²℃/W (0~2clo)
공기온도	10~30℃
방사온도	10~40℃
기류속도	0~1m/s
상대습도	30~70%(수증기압 0~27kPa)
PMV	-2~+2정도 착의량이 적은 경우, 기류속도가 큰 경우에는 정밀도가 떨어진다. 또한, 발한이 많은 서열환경에 대해서는 신뢰성이 부족하다.

[*1] 피부표면온도는 부위에 따라 다르다. 평균피부온도는 각 부위의 피부표면적이 전신에서 차지하는 비율에 의해 각 부위온도를 가중하여 구한다.

[*2] 실제의 인체에서는 혈류량의 조절이나 발한, 떨림 등에 의해 생산열량, 손실열량이 조절되어 열평형은 기본적으로 유지된다. 여기서 구하는 인체의 열부하량이란 열적 중립상태에서의 기상의 편차량이다.

[*3] 일본어 척도에 있어서의 한량난서의 1차원 배치는 그 타당성에 관해 논의가 있다.

표 5.2 온열환경 평가지표의 개요

지표		제안자	온열요소
주관적 지표	유효온도 ET	Yaglou, Houghten (1923)	기온, 습도, 기류
	수정유효온도 CET	Vernon (1932)	기온, 방사(글러브 온도), 습도, 기류
	불쾌지수 DI	미국 기상국	온도, 습도 ET의 근사값
	WBGT	Yaglou, Minard (1957)	기온, 기류, 방사, 습도 ET의 근사값
열평형에 의한 지표	작용온도 OT	Gagge (1937)	기온, 방사
	PMV·PPD	Fanger (1970)	기온, 습도, 기류, 방사, 대사량, 착의량 (쾌적방정식)
	신 유효온도 신 표준 유효 온도 ET*·SET*	Gagge, Stolwijk, Nishi (1971)	기온, 습도, 기류, 방사, 대사량, 착의량, 기압 (2노드 모델)

(4) 실내온열환경의 쾌적성에 영향을 주는 여러 가지 요인

PMV는 열온환경이 일정하고 균일하며, 인체도 정상적 상태로 간주함을 전제로 한다. 그러나 실제로 실내온열환경에서는 차이와 변동 등이 있음으로써 기온이나 방사의 불균일성 등에 대해서는, 그것에 의해 불쾌감을 생기게 하지 않기 위해 허용치가 제시되어 있다(표 5.3). 한편 각각의 온열환경에 대해 느끼는 방식에는 체격이나 대사기능, 온열적 이력이나 그때그때의 상황(예를 들어, 일에의 집중 정도), 기호 등이 영향을 주며, 중립~적극적 쾌적 레벨의 환경의 경우, 이들에 의한 평가의 차이가 크다.

② 난냉방시의 온열설정조건과 열부하

(1) 실내온열환경 기준

「건축물의 위생적 환경의 확보에 관한 법률(빌딩 관리법)」에서는 난냉방

표 5.3 온열환경요소에 관한 허용치

요인			허용범위
기온의 상하온도차			3℃ 이하
불균일방사	천정	온도가 높은 경우	5℃ 이하
		온도가 낮은 경우	14℃ 이하
	벽	온도가 높은 경우	23℃ 이하
		온도가 낮은 경우	10℃ 이하
바닥면 온도			19~22℃

시의 온열환경으로서 기온 17~28℃, 상대습도 40~70%, 기류속도 0.5m/s 이하가 기준으로 되어 있다. 또한 공조의 설계조건으로서는 통상 냉방 26℃, 난방 22℃, 상대습도 50%가 설정된다.

그러나 최근 지구온난화 억제의 관점에서 냉방 28℃, 난방 20℃ 설정이 추천 장려되고 있으며, 공조기기의 효율적인 운전을 위해서는 설계조건을 재고함이 필요하다. 한편 비교적 고급인 건축에서는 PMV에 기초한 공조설계, 제어가 행해지도록 되어왔지만, 많은 일반적인 건축에서는 기온 이외의 요소에 대한 배려가 충분하지 않다.

(2) 난냉방 시의 열부하

난냉방 시의 열부하를 표 5.4에 보였다. 사무소 건축에 있어서 난방보다도 냉방을 필요로 하는 기간이 길고, 냉방부하 쪽이 크게 되는 경향이 있다. 공조기기의 용량은 통상 TAC 5% 온도[*4]에 의해 산출한 최대열부하를 기초로 결정되어, 연간 에너지 소비량 등에 대해서는 표준기상 데이터[*5]를 이용한 동적열부하 계산에 의해 추계한다.

그리고 「에너지 사용의 합리화에 관한 법률(에너지 절약법)」에서는 건물용도, 규모에 의해 PAL(연간 열부하계수), CEC/AC(공조용 에너지 소비계수) 등의 기준치가 정해져 있고, 특정건축물에서는 그 계출이 필요하다.

(3) 체감을 고려한 공조부하의 삭감방법

전술한 것처럼, 실내온열환경의 쾌적성에는 적어도 환경측 4요소, 인체측

표 5.4 공조부하산정 항목

	냉방	난방
(a) 벽체창문을 관류하는 현열부하	○	○
(b) 유리창의 투과일사에 의한 현열부하	○	–
(c) 조명·기구 등에 의한 현열부하	○	–
(d) 인체에 의한 현열부하	○	–
(e) 인체에 의한 잠열부하	○	–
(f) 틈새바람에 의한 현열부하	○	○
(g) 틈새바람에 의한 잠열부하	○	○
(h) 외기를 받아들이는 환기에 의한 현열부하	○	○
(i) 외기를 받아들이는 환기에 의한 잠열부하	○	○

2요소가 영향을 준다. 예를 들면, 냉방 시에 기온 26℃, 정지 기류의 경우 PMV=0이 되지만, 기온이 28℃이더라도 기류를 늘림으로써 혹은 방사온도를 낮춤으로써 온냉감적으로는 동등한 환경을 만들 수 있다.[6] 기류는 선풍기 등으로 쉽게 조정할 수 있기 때문에 냉열을 만들어 이것을 반송하는 에너지량보다도 적게 끝난다.

또한 방사온도에 대해서는 냉방사면의 면적을 크게 하면 그만큼 온도를 낮출 필요가 없기 때문에 자연 에너지 등을 활용할 여지가 있다. 단, 기류의 영향이 강하면 상쾌감·불쾌감·약하면 정온감 정체감 등을 느끼게 된다. 즉, 온냉감으로서는 동등하더라도 그 환경에 대한 질적 평가는 달라질 가능성이 높고, 방의 용도나 재실자의 요구 등에 충분한 배려가 필요하다.

---

[4] 설계용 외계조건 중 하나. 냉방부하 계산용의 외기온으로서 과거의 최고기온(극치)을 이용한 경우, 부하는 최대가 된다. 그래서 냉방기간 중에 있어 매시 누적온도분포에서 일정 초과도수 %를 정하고 그 온도를 이용해서 부하를 산출한다. 일반적으로는 TAC 5%, 공조조건이 엄할 경우에는 TAC 2.5%가 이용된다.

[5] 시뮬레이션용으로 작성된 표준적인 연간, 매시의 외기의 건구온도, 절대습도, 법선면 직달일사량, 수평면 전천일사량, 구름의 양, 풍향, 풍속 데이터.

[6] 공기온도=평균방사온도=26℃, 상대습도 50%, 기류속도 0.15m/s, 대사량 1 met, 착의량 0.6 clo의 경우, PMV=0이 된다.
한편, 공기온도=방사온도=28℃의 경우에는 기류속도가 1.35m/s라면, 또 공기온도=28℃, 기류속도 =0.15m/s의 경우에는 방사온도=23.3℃라면 PMV=0이 얻어진다.

5.2 실내 공기환경 및 환기의 원리

환기의 목적은 재실자나 난방기구, 조리기구 등의 오염원으로부터 발생하는 오염물질·열·수증기·냄새를 배기하고, 대신에 신선한 외기를 도입해서 실내공기를 청정하게 유지하는 것이다. 쾌적하고 안전한 공기환경을 유지하기 위해서는 실내에서 발생하는 오염물질의 종류·양에 따른 적절한 환기량이 확보되어야 한다.

1 환기량의 기준

(1) 법적 규제

건축기준법이나 각종 조례에서 거실·주차장·극장·화기사용실 등에 대한 환기량의 기준·계산방법이 정해져 있다. 또한 최근 문제가 되고 있는 포름알데히드에 의한 건강피해를 막을 목적으로 거실에 대한 상시환기에 관한 규제가 건축기준법에서 정해져, 2003년에 시행되었다. 이들 규제는 건축확인신청서의 심사대상이 되고 있다.

(2) 오염물질의 허용농도

빌딩 관리법의 「건축물환경위생관리기준」에서는 표 5.5에 보인 실내오염물질의 기준농도가 정해져 있다. 이 외에도 WHO(세계보건기구)에서는 이산화질소, 이산화황, 포름알데히드, TVOC(총휘발성 유기화합물)에 대한 기준이 정해져 있다.

기준농도를 기초로 환기량을 결정할 때에는 발생할 가능성이 있는 모든 오염물질의 종류와 발생량을 특정하여, 모든 오염물질의 기준농도를 넘지 않도록 계획하여야 한다. 오염물질의 종류나 발생량을 모두 특정할 수 없는

표 5.5 오염물질의 기준농도

오염물질의 종류	기준농도
이산화탄소	1000ppm
부유분진	0.05mg/m³
일산화탄소	10ppm

경우에는, 실내 오염물질의 대표적 지표로서 이산화탄소 농도를 기준으로 하는 경우가 많다.

(3) 환기횟수

환기횟수란 환기량 $Q\text{m}^3/\text{h}$를 방의 용적 $V\text{m}^3$으로 나눈 값이다. 1시간 당 방 용적의 몇 배의 환기량인지를 나타내고 있지만, 이것을 실내의 공기가 외기와 교환되는 횟수로 생각하고 단위는 회/h를 이용한다. 오염물질의 발생상황의 상정이 곤란한 방에서는, 표 5.6에 보인 환기횟수를 참고로 환기량을 검토하는 경우가 있다. 이 방법은 경험적 방법이며, 모든 조건에 적합한 것은 아니므로 주의를 요한다.

표 5.6 여러 방의 환기횟수의 예

방 구분	환기횟수[회/h]
화장실	10~15
주방	40~60
욕실	15~20
급탕실	6~10
주차장	10 이상
흡연실	12~15

② 환기의 방식

환기의 방식은 구동력에 의한 자연환기와 기계환기로 대별된다. **자연환기**는 온도차 환기와 풍력환기로, **기계환기**는 제1종~제3종 환기, 혹은 전반환기와 국소환기로 분류할 수 있다.

(1) 자연환기

자연환기란, 온도차 환기와 풍력환기 및 그 조합에 의한 환기를 말한다. 온도차 환기는 실내외에서 온도차가 있는 경우에 공기의 밀도차로부터 생기는 부력을 구동력으로 하고, 풍력환기는 외부풍의 운동 에너지를 이용한다. 온도차 환기는 1개구면으로도 실현되지만, 개구에 고저차가 클수록 환기량이 커진다. 풍력환기는 풍상과 풍하방향으로 최저 2개의 개구면이 필요하다. 자연환기는 전력 등의 에너지를 사용하지 않으므로 에너지 절약이나 환경부하 삭감에 대해 유효한 수법이다.

그러나 환기량이 기상조건에 좌우되기 쉬우므로 일정환기량 확보가 과제이다. 또한 계획적으로 설치된 급기구나 개구부를 통해서 외기를 도입하는 경우는 자연환기라 할 수 있지만, 건물 벽체가 내장 틈새로 침입하는 제어할 수 없는 외기는 누기(漏氣)로 하여 구별한다. 자연환기와 유사한 말로 **자연통풍**이 있으며, 양자에 엄밀한 구별은 없다. 일반적으로 자연통풍의 경우, 실내공기를 청정하게 유지하는 목적을 더해 냉방기간 중에 기류에 의한 시원한 느낌을 주거자에게 주는 등의 방법으로 실내의 온열환경을 조정하는 것을 의도하여, 외기의 도입량은 환기보다도 제법 많다. 최근에는 자연환기와 기계환기를 조합한 하이브리드 벤틸레이션(hybrid ventilation)이라는 수법도 연구 개발되고 있다.

(2) 기계환기

기계환기는 송풍기 혹은 배풍기를 이용해서 강제적으로 환기를 하는 방식이다. 소정의 환기량의 확보가 비교적 쉽기 때문에 환기설비로서 주류이지만, 환기량이 과대하면 반송동력과 공조부하가 증대하기 때문에 에너지 절약과 실내환경의 양면에서 적절한 환기계획을 행하는 것이 중요하다.

표 5.7에 환기기기의 조합에 의한 기계환기의 분류를 보였다. 일반적으로는 동일한 건물에서 복수의 환기방식이 혼재하기 때문에 방의 용도에 맞춘 환기방식을 선택하는 것과 동시에 방과 방간의 압력균형이나 건물전체에서의 기류의 방향에 배려한다. 예를 들면, 사무소 빌딩에서는 사무공간을 제 1

표 5.7 기계환기의 분류

기계환기의 방식	급기/배기의 방법		실내의 상대 압력	주된 용도
	급기	배기		
제 1종 환기	송풍기	배풍기	임의	거실 일반
제 2종 환기	송풍기	배기구	정압	수술실 등 청정실
제 3종 환기	급기구	배풍기	부압	화장실, 주방 등 오염실

종 환기로 하고, 급기량을 배기량보다도 많이 설정해서 실내를 정압(正壓)으로 유지하고, 잉여공기는 제 3종 환기를 하는 화장실이나 급탕실에서 배기하는 등의 방법이 채택된다.

이상의 분류 외에 환기의 개념을 전반환기와 국소환기로 나눌 수 있다. **전반환기**는 환기의 대상이 실내전체의 공기이며 오염물질은 실내에 혼합확산되고, 균일하게 희석된 후에 배출된다고 생각된다. 주로 오염원이 광범위하게 복수 또는 불특정한 경우에 적용된다. 예를 들면, 인체에서 발생하는 이산화탄소에 대한 필요환기량은 이 사고방식을 기초로 해서 산출된다. **국소환기**에서는 환기의 대상은 오염원 근방의 공기이며, 후드 장치 등을 마련해서 오염물질을 직접 보집한다. 주로 주방이나 공장, 실험실에서 유독 가스나 고열, 분진을 배출하기 위해 이용된다.

3 환기의 이론

(1) 완전혼합을 가정한 경우의 환기량의 사고방식

앞에서 서술한 것처럼 전반환기에서는 오염물질이 실내공기에 균일하게 확산되어 있다고 가정한다. 이 상태를 **완전혼합**이라 한다. 용적 $V[\mathrm{m^3}]$의 독립한 방의 환기량을 $Q[\mathrm{m^3/h}]$, 오염물질의 발생량을 $g_p[\mathrm{m^3/h}]$, 외기의 오염물질의 농도를 $c_o[\mathrm{m^3/m^3}]$로 하면 어느 시점 $t[\mathrm{h}]$의 실내의 오염물질의 농도 $c_i[\mathrm{m^3/m^3}]$는

$$c_i = A - (A - c_p) \cdot e^{-\frac{Q}{V}t}$$

단, $A=\dfrac{g_p}{Q}+c_o,\ \ c_p$: 초기농도$[\text{m}^3/\text{m}^3]$　　　　　　　(5.1)

식 (5.1)에서 $t=\infty$로 하면 정상상태를 의미하고, $c_i=\text{A}$이다. 정상상태에 있어서 오염물질의 허용농도를 $c_u[\text{m}^3/\text{m}^3]$, 이때의 환기량을 $Q_u[\text{m}^3/\text{h}]$로 하면

$$Q_u=\frac{g_p}{c_u-c_o}　　　　　　　　　(5.2)$$

으로 되며, 식 (5.2)는 허용농도 c_u를 만족하는 **필요환기량**을 나타낸다. 이 식은 기체만이 아닌 분진 등에도 사용될 수 있다.

❹ 환기, 통풍 시스템의 사례

최근 에너지 절약이나 환경부하 삭감을 고려한 건물의 대다수가 자연환기, 통풍과 기계환기, 공조를 조합한 시스템이 채용되고 있다. 그 사례를 들어 시스템의 개요를 소개한다.

(1) 히트 침니를 이용한 환기 시스템의 사례

IVEG 빌딩은 그림 5.3에 보인 것처럼 히트 침니(heat chimney)와 기계 환기 및 나이트 퍼지(night purge)를 조합한 환기 시스템을 특징으로 하는 오피스 빌딩이다. **히트 침니**란 그림 5.4와 같은 굴뚝 모양의 구조물이 일사를 받아서 집열의 기능을 해내고, 내부의 공기에 부력이 생겨 환기를 촉진

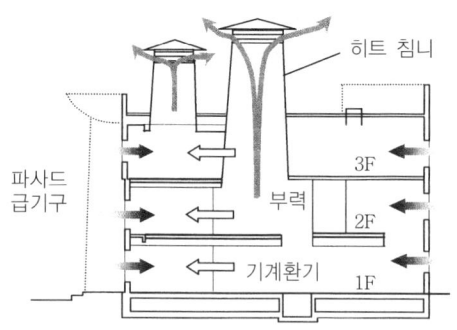

그림 5.3 히트 침니를 조합시킨 환기 시스템의 개요[9]

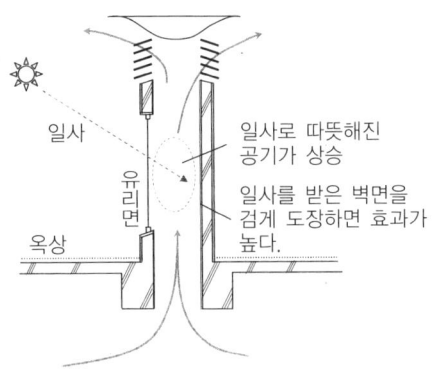

그림 5.4 히트 침니의 기능

시키는 장치이다. **나이트 퍼지**는 야간의 냉랭한 외기를 실내에 도입하여 건축체를 축냉해서 낮 동안 냉방부하의 삭감을 도모하는 수법이다.

환기 시스템을 개설해보면, 낮에는 히트 침니가 기계환기를 보조하고, 하계의 야간에는 나이트 퍼지를 행한다. 외기는 파사드(facade)에 실치된 급기구에서 도입되어 히트 침니에서 배기된다. 급기구는 시간대, 하루 최고 외기온도, 실내외온도차, 실내온도의 조건에 의해 자동으로 제이되지만, 거주자가 컴퓨터로 개폐를 행히는 것도 가능하게 되어 있다.

(2) 기계공조와 통합시킨 자연통풍 시스템의 사례

후지타 기술 센터에서는 자연통풍과 기계공조를 BEMS(Building Energy Management System)에 의해 통합하여 냉방부하의 삭감을 도모

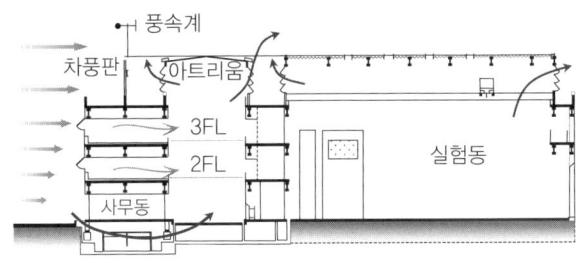

그림 5.5 자연통풍 시스템의 통풍경로

하고 있다. 그림 5.5에 보인 것처럼 사무실 서쪽면에 배연겸용의 통풍개구에서 유입한 외기는 사무실을 통해 인접한 오픈 타입의 아트리움을 거쳐 배출된다.

통풍의 구동력으로서 풍압력과 아트리움에서 생기는 부력을 이용하고 있다. BEMS에 의해 계측된 실내외의 환경조건을 기초로 자연통풍과 기계공조의 전환을 자동적으로 행함으로써 냉방시간의 약 35%로 자연통풍을 이용할 수 있으며 20~30%의 에너지 절약 효과를 얻고 있다.[11]

5.3 일사차폐·채광과 조명

1 광환경조정의 원칙과 기준

(1) 인간의 활동과 빛의 상태

인간의 활동에는 빛이 크게 영향을 주고 있다. 자연의 빛 안에서 인간은 해가 뜨면 일어나고, 낮 동안은 활발하게 활동하고, 저녁이 되면 피로해져서 활동이 약해지고, 밤이 되면 잠을 자는 순환을 반복한다. 하루의 빛의 변화를 생각해보면, 그림 5.6과 같이 낮에는 위로부터 강한 백색(무채색)의 빛, 저녁에는 옆으로부터 그다지 강하지 않은 오렌지색의 빛이 온다. 이러한 자연의 순환에 맞추어서 건축의 조명을 생각해본다면

① 오피스나 교실 등의 활동적인 공간 : 위로부터 충분한 밝기가 있는 백색광

② 거실이나 침실 등의 안락한 공간 : 옆으로부터 적절한 밝기의 오렌지색의 빛

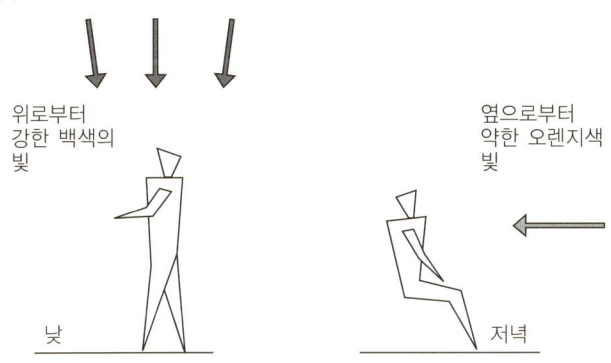

위로부터
강한 백색의
빛

옆으로부터
약한 오렌지색
빛

낮

저녁

그림 5.6 인간의 활동과 빛의 상태

을, 후술할 [4]의 램프의 특성을 고려해서 빛을 주는 것을 기본으로 한다.

(2) 명시(明視)의 조건과 조도기준

대상이 잘 보이도록 하려면 밝기, 휘도대비(대상물과 주위와의 밝기의 차이), 대상물의 크기, 인식하는 시간이 적절한 정도일 것, 또 글레어(glare : 눈부심에 의해 보기 어렵거나 보이지 않거나 하는 것) 등의 장해가 없을 것이 필요하다. 표 5.8은 인간의 활동상황·방의 용도별의 밝기(필요조도)를 나타낸 것이다. 밝기의 기준은 책을 읽는 행위를 떠올리면 파악하기 쉽다. 학교 교실의 조도기준은 200~750[lx : 럭스]이며 제도 등의 정밀작업에서는 1500lx 정도, 거실이나 침실 등은 150~300lx로 되어 있다.

표 5.8 행위·방용도별 소요조도[12]

작업·방의 용도	조도[lx]
수예, 재봉, 제도·타이프 조립 등	750~2000
독서, 화장, 수업, 공작, 회의 등	300~750
단란, 오락, 세탁, 집회 등	150~300
식사·파티 등, 어린이 방, 욕실 등의 전반 조명	75~150
거실, 응접실, 복도 등의 전반조명, 실내 비상계단	30~75
침실의 전반조명	10~30
통로	5~10
방범	1~2

2 일사차폐

(1) 태양의 움직임과 차폐방법

건축을 고려할 때는 태양과 지구의 관계를 지동설이 아닌 천동설로 생각하는 편이 알기 쉽다. 그림 5.7은 북위 35도 정도의 지점에서 계절마다의 태양의 움직임을 나타낸 것이다.

하지에는 태양은 정동보다도 23.5도 북에서 뜨고, 오전 8시경에 정동·고도 30도 정도, 남중시(태양이 정남에 오는 시각)에는 고도 78도, 오후 4시

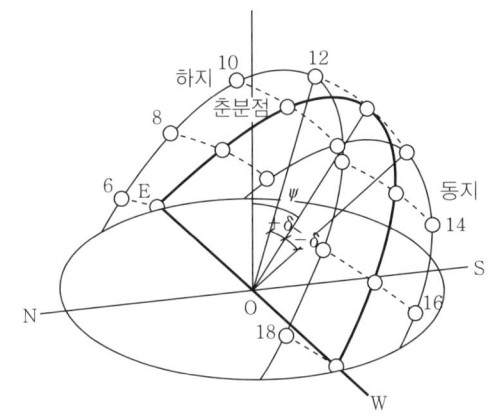

그림 5.7 계절에 따른 태양위치의 차이[13]

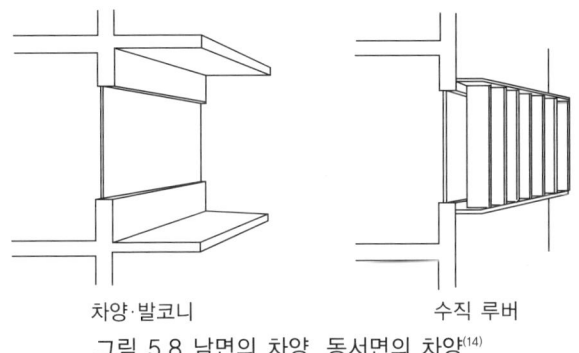

차양·발코니   수직 루버

그림 5.8 남면의 차양, 동서면의 차양[14]

경에 정서·고도 30도 정도가 되며, 정서에서 23.5도 북측에서 진다. 그러므로 직사광을 실내에 들이지 않도록 하기 위해서는 그림 5.8과 같이 태양고도가 높은 남면은 수평의 차양이 효과적이며, 동서면은 태양고도가 낮기 때문에 수평의 차양은 별로 효과적이지 않으며, 수직(가능하다면 가동)의 루버나 격자 모양의 차양이 좋다.

  동계에는 남중시의 태양고도가 30도 정도이며, 남쪽면에서의 창과 차양의 위치관계를 궁리한다면 여름의 일사는 차단하고, 겨울의 일사는 들여오는 것이 가능하다. 또한 하계에는 창문만이 아닌 지붕이나 벽의 일사차폐도

표 5.9 차폐위치·방법과 효과[15]

차폐위치	기준	유리	유리 내부	유리 외부	유리 내부
	3mm 두께 투명 유리	차폐형 저방사 유리	내부 부착 블라인드	외부 부착 블라인드	에어프로 윈도
예					
가시광 투과율	0.9	0.7	–	–	–
일사열 투과율	0.88	0.5	0.5~0.8	0.1~0.2	0.2

효과적이며, 옥상·벽면식재, 이중지붕 등이 차폐효과가 크다.

(2) 유리·차양과 효과

창문의 차양에는 여러 가지가 있지만 표 5.9와 같이

① 열선반사유리 등 유리부분에서 행하는 것

② 커텐이나 블라인드 등의 내부에서의 차양

③ 차양·루버, 발 등 외부 부착 차양

④ 이중유리의 사이에서 실내로부터의 배기를 통한 에어 플로 윈도 등의 시스템

으로 나눌 수 있다. 차양에는 외부 부착한 것이 효과가 가장 크다. 이것은 유리가 태양일사는 투과하지만 일사가 실내의 물체에 흡수된 후에 방사되는 장파장방사를 투과하지 않는다는 성질을 가지고 있기 때문이다.

③ 자연채광(주광조명)

(1) 창문의 위치와 조도분포

채광은 직사광을 포함하지 않는 천공광을 받아들이는 것을 기본으로 해서 고려되어 왔다. 직사광이 실내에 들어오면 눈이 부시고 조도의 변동이 커지고 냉방부하가 되고 퇴색하는 등의 폐해가 생기는 경우가 있지만 천공광은

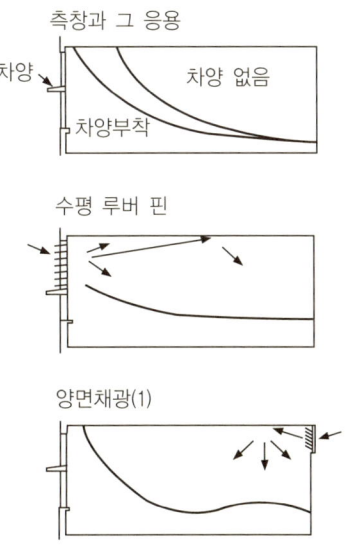

그림 5.9 창문을 내는 방법과 조도분포[16]

변동이 작고 안정된 조도를 얻을 수 있기 때문이다. 주광조명은 흐린 날씨의 천공광에 의한 실외 조도 5000lx를 기준으로 해서 주광률(실내대상점의 수평면 조도의 실외전천공조도에 대한 비율) 5~10%로 계획된다.

채광에 의한 실내의 밝기는 같은 창문면적이라도 창문의 위치에 의해 달라지며, 높은 위치에 있을수록 밝아지고 천창은 측창보다 3배 정도 밝다. 창문에 의한 채광을 행하면 실내에 밝기의 분포(실내조도분포)가 생긴다. 특히 차양이 없는 창문은 직사가 들어오기 때문에 창문 근방의 조도가 극단적으로 높아져서 그림자 부분과의 차이가 커져서 보기 어렵게 되는(휘도대비 글레어) 경우도 있다. 실내조도의 분포를 작게 하기(균제도를 높이기) 위해서는 그림 5.9와 같은 연구를 한다.

(2) 직사의 이용

최근 오피스 빌딩 등에서 직사광을 주광조명에 이용하는 것이 행해지고 있다. 직사광의 위와 같은 단점을 고려하여 그림 5.10처럼 윗면에 반사성이 있는 차양을 설치해 천정에 직사광을 반사시켜 조명에 이용하는 라이트 셀

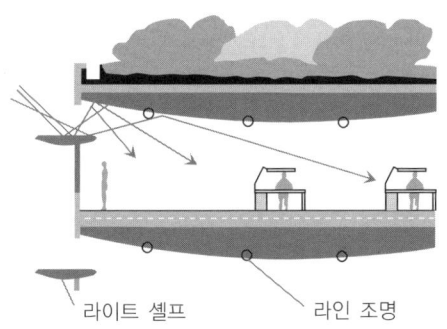

라이트 셀프   라인 조명

그림 5.10 라이트 셀프의 예(도쿄 가스항 북부 NT빌딩)[17]

프(light shelf) 등이 이용되고 있다. 직사광이 들어오는 것은 냉방부하가 증가하는 것을 의미하지만 라인 조명을 창문면에 평행으로 설치하여 주광조명에 의해 밝아진 만큼, 순차소등함으로써 조명전력과 조명에 의한 냉방부하를 삭감할 수 있고, 에너지 절약이 된다.

4 인공조명

(1) 램프의 특징과 에너지 절약 수법

인공조명의 계획을 하기 위해서는 먼저 조명 램프와 기구의 특징을 이해할 필요가 있다. 표 5.10은 대표적인 램프인 백열전구, 형광 램프, 메탈 할라이트 램프의 특징을 비교한 것이다.

중요한 것은 발광효율과 빛의 색, 수명 등이다. 형광램프를 전구와 비교해보면 발광효율이 전구의 3~5배(같은 광량을 얻지만 전구의 1/5~1/3의 전력에 그친다)로 에너지 절약이 되지만, 빛의 색이 (청)백색으로 전구의 오렌지색의 빛과 대조적이다. (청)백색의 빛인 형광 램프로 쾌적한 광환경을 조성하기 위해서는 높은 조도가 필요하지만 오렌지색의 전구로는 비교적 낮은 조도로 쾌적해진다. 이것은 그림 5.6에 보인 인간의 활동과 빛의 상태에 기인하는 것이다. 최근에는 각종 **전구색 형광 램프**가 시판되어 가격도 저렴해지고 있다.

조명기구는 이들 램프에 셰이드(갓)를 조합한 것으로 셰이드의 형태나 반

표 5.10 대표적인 램프의 특징[18]

광원의 종류	백열전구	형광 램프	메탈 할라이트 램프
전광속[lm]	75~3450	100~16500	17500~90000
발광효율[lm/W]	15~20	60~91	70~95
시동시간	0[s] 0[s]	2~3 [s] 래피드 스타트형 0[s]	5[min]
수명[h]	1000~2000	10000	9000
색온도[K]	2850	4500(백색)	5600
연색성	좋음. 적색이 많음	연색성을 개선한 것은 비교적 좋음	좋음. 고연색형은 매우 좋음
설비비	저렴	비교적 저렴	조금 높음
유지비	비교적 높음	비교적 저렴	비교적 저렴
그 외 특징	고휘도, 표면 온도가 높음	주위온도로 효율이 변화한다.	고효율, 고연색성, 높은 천정 공간 등에 사용

사성에 의해 여러 가지가 있다. 각 조명기구에는 기구수 산정을 위한 조명률표가 있다. 또한 이 중에 나타나 있는 배광곡선으로 빛이 퍼지는 상황을 알 수 있다.

(2) 쾌적한 광환경의 계획

실내의 광환경은 자연채광과 인공조명을 조합하여 방의 용도에 맞게 종합적으로 계획한다. 그때 조명기구를 건축 후가 아닌 건축과 일체화해서 설계한다면 질 높은 광환경을 창출할 수 있다. 그림 5.11은 그 예로서, 다운라이트(downlight) 조명은 직접조명(기구에서 나온 빛으로 직접 피조면을 비추는 것)으로 바닥이나 벽에 명암을 생기게 하여 리듬감을 연출한다. 코브(cove)조명 등의 간접조명(천정이나 벽 등에서 반사시킨 빛으로 실내를 조명하는 것)은 부드러우며 균질인 광환경을 창출한다.

이들 전반조명(방 전체를 조명하는 것)에 펜던트등 등의 부분조명을 조합시키면 더 좋다.

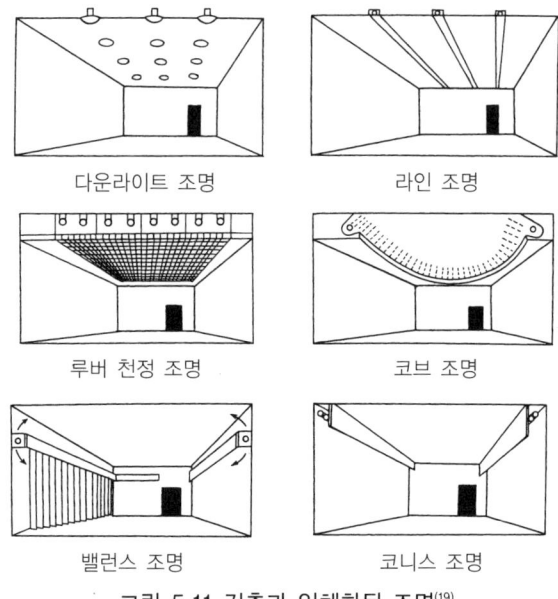

다운라이트 조명   라인 조명

루버 천정 조명   코브 조명

밸런스 조명   코니스 조명

그림 5.11 건축과 일체화된 조명[19]

5.4 난방기술

난방의 목적은 냉한시에 실내를 쾌적한 온도로 조절하는 데에 있으며 그 방법에는 열원의 종류부터 시작해서 난방의 범위나 열의 전달방식 등 여러 가지 종류의 기구와 방식이 있다. 본 절에서는 난방방식과 기기 각각이 가지는 특징에 대해서 개설한다.

1 난방방식

난방방식은 난방을 하는 범위나 시간, 사용되는 기구 등, 몇 개의 관점으로 분류된다. 먼저 열을 발생시키는 장소와 난방을 행하는 범위의 관점에서는, 중앙기계실 등에서 보일러나 공기열원 히트 펌프 냉온수기 등에 의해 만들어진 열(지역냉열원의 이용도 고려된다)을 온풍이나 온수, 증기에 의해 각 방에 보내어 사용하는 중앙식과, 방마다 에어컨디셔너나 스토브를 이용해 난방하는 개별식(그림 5.12)으로 나뉜다.

일반적으로 중앙식은 대규모 건축에서 이용되며, 주택이나 소규모 건축에

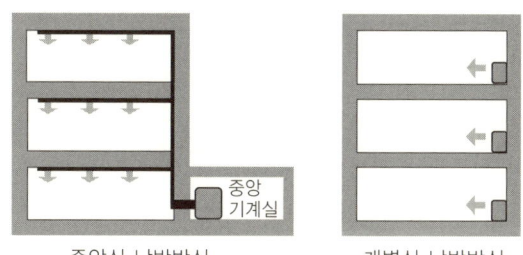

중앙식 난방방식　　　　개별식 난방방식

그림 5.12 난방방식

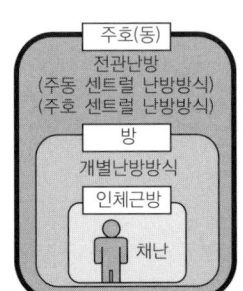

그림 5.13 난방범위에 의한 분류

서는 개별식이 대부분이다. 또한 대규모 건축에서 이용되는 난방은 실내공기의 온도와 함께 습도, 공기질의 조정을 행하는 **공기조화**가 주가 된다. 그림 5.13처럼 난방방식을 난방을 행하는 범위로 분류하면 건물 전체를 난방하는 전관난방, 방별로 난방하는 개별난방, 인체부근에 퍼스널 공조 혹은 인체 국부를 따뜻하게 하는 채난으로 구별된다. 또한 난방시간의 관점에서는, 상시(24시간)난방과 간헐난방으로 구별되어 상시난방에서는 전관중앙식이 이용되는 것이 대부분이다.

또한 운전방법의 하나로서 열을 미리 축적해 두었다가 서서히 실내에 방열하는 **축열난방방식**이 있다. 주로 대규모 빌딩에서 피크 시프트나 다량의 열량을 필요로 하는 한냉지에서 사용되며 저렴한 심야전력에 의해 야간에 열을 축적하여 다음 날의 난방을 행한다. 축열체의 방열특성과 축열량에 의해 다음 날의 방열이 미리 정해지기 때문에 다음 날의 난방부하를 예측한 운전계획이 필요해진다.

실내온열환경의 쾌적성의 관점으로부터는 전관상시난방이 가장 쾌적하기는 하지만, 그 반면에 에너지 소비량은 커진다. 개별난방방식에는 거실 등의 난방을 행하는 부분과 시간을 쉽게 제어할 수 있는 것으로부터 에너지를 유효하게 이용할 수 있지만, 복도나 화장실 등 비난방공간과의 온도차가 커지지 않도록 배려할 필요가 있다.

② 난방기기의 종류와 특징

(1) 연소형 난방기와 비연소형 난방기

(a) 연소형 난방기

연소형 난방기는 실내에서 석유나 가스·석탄·장작 등의 연료를 연소시켜 발생한 열을 자연대류, 강제대류, 방사에 의해 방으로 보낸다. 연소공기의 배기방법에 의해 개방형·반밀폐형·밀폐형으로 분류된다(그림 5.14).

① 개방형 : 실내공기를 연소에 사용하여 실내에 배출하는 방식. 연료에 따라서는 연소 시에 수증기를 발생하여 실내가 가습된다. 배기에 대한 실내공기질의 관리가 필요해진다.

② 반밀폐형 : 실내공기를 연소에 사용하지만 배기통을 설치해서 연소공기를 실외로 배출하는 방식·배기통에 낙엽 등 먼지가 쌓이는 등 배기가 방해받는 경우에는 연소공기가 실내에 배출되어 인체에 위험을 주는 경우도 있으므로 배기통의 보수가 요구된다.

③ 밀폐형 : 연소에 외기를 사용해서 배기통에 의해 연소공기를 실외에 배출하는 방식. 실내에 연소공기가 유입되지 않는 구조로 되어 있지만, 흡배기통접속부의 손상 등에는 주의를 해야 한다.

(b) 비연소형 난방기

실외 혹은 기계실 등에 설치된 열원기에서 증기·온수·온풍을 열매로 사용하여 난방을 하는 중앙난방기·혹은 히트 펌프 에어컨, 전기 히터 등 전력에너지에 의해 개별난방을 하는 난방기·거실에 연소가스가 발생하지 않도록 연소에 따르는 배기에 대한 고려는 불필요해지지만, 열반송시의 손실도 생기기 쉽다.

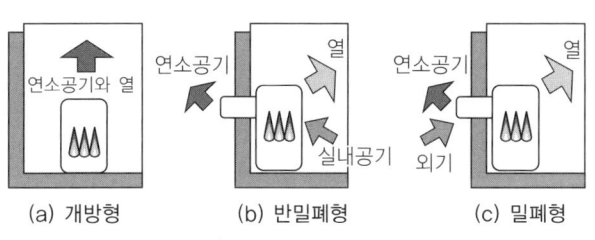

(a) 개방형   (b) 반밀폐형   (c) 밀폐형

그림 5.14 연소형 난방기

(2) 방열방법(그림 5.15)

(a) 자연대류형 난방기

스토브, 컨벡션 히터 등 자연대류를 주로 해서 실내공기를 덥힌다. 많은 경우, 방사에 의한 난방효과를 겸비한다. 자연대류에 의해 실내공기를 가열하기 위해 실내공기에 온도분포를 생기게 하기 쉽다. 스토브 중 특히 벽에 접한 것을 난로라고 하지만, 굴뚝·배기통이 설치되어 실내에서의 가열은 방사가 주가 된다.

(b) 온풍난방기(강제대류형 난방기)

히트 펌프 에어컨이나 팬 히터에 의해 따뜻해진 공기를 송풍하는 방식. 중앙난방방식에서는 중앙기계실에서 가열된 온풍을 실내에 불어들이는 방식도 있다. 온풍의 송풍에 의해 실내에는 기류가 생긴다. 또한 온풍을 불어들이는 상황에 따라 실내공기에 온도차가 나기 쉽고, 냉부하면에서의 드래프트가 생기기 쉽다.

(c) 방사형 난방기

방사 패널, 혹은 바닥이나 벽, 천정부분에 온수나 온풍을 순환시켜, 방사열로 주로 난방을 행한다. 공기를 덥히는 방식에 비해 방사면 및 주위벽면에서의 재방사에 의해 온기가 얻어지기 때문에 동등한 온기를 얻는 경우에 방의 온도를 낮추고 억제하는 것이 가능하다.

실내공기의 온도분포가 생기기 어렵고, 환기나 누기의 부하를 적게 할 수 있으며, 실외공간, 창고나 바람이 빠져나가는 곳을 가진 큰 공간도 효과적인 난방이 행해질 수 있다. 방사면의 면적이 작은 경우, 방사면의 온도를 고

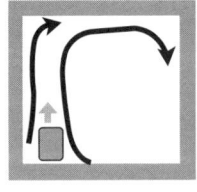 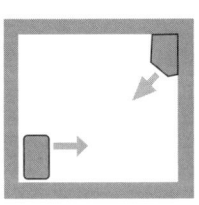 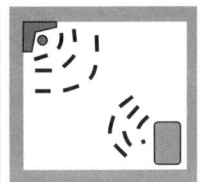

(a) 자연대류형　　　(b) 강제대류형　　　(c) 방사형

그림 5.15 방열방법

온으로 하지 않으면 충분한 열량이 얻어지지 않기 때문에 벽면에 설치하는 경우 등에는 방사의 불균일감을 느끼기 쉬워진다.

③ 난방시의 쾌적성

(1) 실내의 쾌적성

난방환경의 쾌적성을 높이기 위해서는 추위를 느끼지 않도록 하는 것은 물론이고, 드래프트나 냉방사, 수직분포에 의한 머리의 "현기증", 다리의 "차가움" 등 국부적인 불쾌감을 막는 것도 중요하다. 난방기구와 실온분포의 특징으로서는, 자연대류형 난방기는 대류에 의해 실내공기의 상하온도분포가 생기기 쉬워지기 때문에 페리미터부의 드래프트 처리에 이용한다. 혹은 가능한 한 방열면적을 넓게 해서 저온에서의 난방을 행하는 서큘레이터를 병용하는 등의 대책을 행하는 것이 바람직하다. 온풍난방방식의 경우도, 가능한 한 실내공기의 상하온도차가 없어지도록 방출공기의 풍속과 방향을 계획할 필요가 있다.

방사난방의 경우, 방열부의 면적이 작을수록 고온의 방사가 필요해지기 때문에 방사의 불균일함에 의한 불쾌감을 생기게 하기 쉽지만, 바닥난방과 같이 넓은 면적에다가 바닥부분에 방열면이 배치되는 경우에는 실내의 상하온도차나 방사의 불균일성이 적어지고, 쾌적한 실내환경을 형성하는 것이 가능하다. 열적인 불쾌감이 생기는 실내공기 및 방사온도의 불균일성은, 난방기구의 배치나 온풍이 불어나가는 방향과 함께 방의 단열성능을 높이는 것에 의해서도 적게 된다.

단열성의 향상, 누기의 저하를 도모함으로써 실내의 온도분포는 균등에 가까워진다. 또한 난방 시에는 상대습도가 저하하기 쉽고, 온냉감·쾌적감을 잃는 한 이유가 된다. 겨울에 저습이 되는 지역에서는 난방에 더해 가습기를 이용한 조습(調濕)도 쾌적성의 확보에 효과가 있다.

(2) 주택의 쾌적성

난방 시의 쾌적성을 생각하는 경우에는 난방실의 실내환경만이 아닌 비난방실과의 온도차에도 주의해야 한다. 욕실이나 화장실, 복도 등의 비난방실

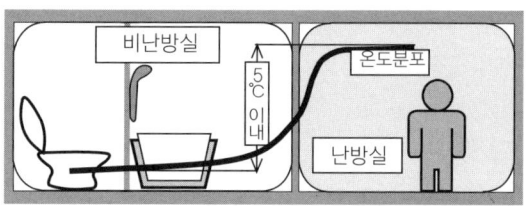

그림 5.16 실내의 쾌적성

과의 온도차가 큰 경우, 히트 쇼크에 의한 인체의 손상은 생사와 관련되는 경우도 있다. 동계에는 난방실과 복도나 화장실, 탈의실 등의 온도차를 5℃ 이하로 하고, 열적 배리어 프리 공간을 목표로 하는 것이 바람직하다. 이를 위해서는 건물 전체의 단열기밀성능을 향상시키는 것이 효과적이다(그림 5.16).

4 난방계획

난방기기의 선택을 행할 경우에는 지역의 기후와 건물이나 방의 열성능, LCC, 추구하는 실내환경의 질을 고려해야 한다. 에너지 절약 및 결로방지의 관점에서는 건물의 고단열·고기밀화와 적절한 방습, 환기계획이 필요하게 된다.

예를 들면, 바닥난방의 경우는 배관 및 패널 하부의 단열을 강화하는 것이 에너지의 유효이용에 연결된다. 또한 최근 성능향상이 현저한 가정용 히트펌프 에어컨의 경우 COP가 높은 기종을 선택하는 것이 운용 에너지의 삭감에 연결되지만, 방의 부하에 적합한 용량의 기기를 설치하지 않으면 히트펌프의 성능이 발휘되지 않는 경우도 있다. 그와 같이 에너지원에 대해서도 생각해볼 필요가 있다. 발열량 당 단가는 일반적으로 가스나 석유가 저렴하게 되지만, 온난지에서는 고효율 히트 펌프에 의한 난방에 의해, 열량 당 단가가 억제되는 경우도 있다.

건축계획에 맞추어 적절한 기능과 용량을 가진 냉방기기를 선택하는 것이 쾌적하면서도 에너지 절약, 비용 절감하는 난방환경의 형성에 연결된다.

5.5 패시브 솔라 히팅

1 패시브 디자인

(1) 패시브 디자인이란?

지역의 기후·풍토에 맞추어 건축·배치계획을 행하여 열이나 빛·공기 등의 흐름을 억제해서 에너지 소비가 적은 쾌적한 실내환경을 얻는 설계수법을 말한다.

그렇다고는 해도 특별한 것은 아니고 건축설계에서는 반드시 행할 필요가 있으며, 이 말은 그다지 고려되고 있지 않은 계획과 구별하기 위해 이용된다. 패시브 디자인을 철저하게 하면, 지구환경부하 저감, 쾌적한 실내환경, 안정성·건강성의 향상, 지역·풍토를 배려한 의장 디자인 등이 얻어진다.

(2) 패시브 디자인의 사고방식과 수순

건축 디자인(특히 패시브 디자인)에서는 그림 5.17과 같이 외부조건이 큰 변동에 대해서 건물자체의 연구(건축적 수법)를 적절히 조합해서 가능한 한

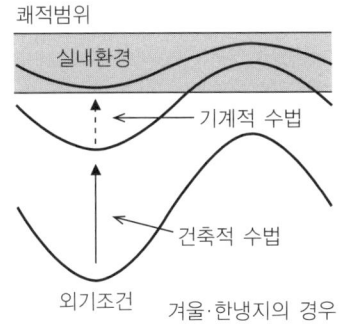

그림 5.17 패시브 디자인의 사고방식

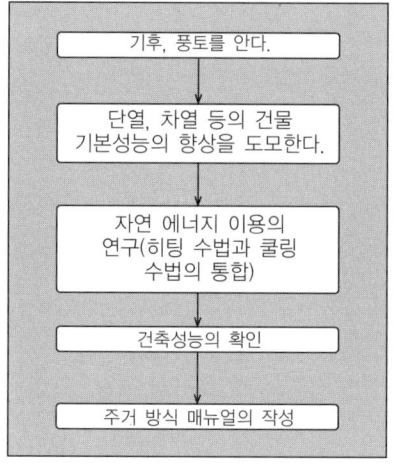

그림 5.18 패시브 디자인의 플로

쾌적한 실내환경으로 하고, 부족분만을 기계장치(기계적 수법)에 의해 공급한다.

　건축 디자인의 플로를 그림 5.18 및 다음에 나타낸다.

① 부지의 기후조건을 안다 : 이것이 건축 디자인의 시작이며, 이 부지에서 방어해야 할 요소, 이용가능한 자연 에너지원을 파악한다.

② 건물의 기본적인 성능을 향상시킨다 : 단열·기밀·일사차폐·통풍성능 등.

③ 자연 에너지 이용의 연구를 한다 : 동계와 하계의 수법을 조합한다.
　패시브 히팅 : 태양열난방, 히트 튜브(지중열 이용) 등
　패시브 쿨링 : 쿨 튜브, 증발냉각, 나이트 퍼지 등

④ 건물성능을 확실하게 한다 : 만약 성능이 기대된 레벨에 미치지 못할 경우 위의 수순 ② 또는 ③으로 돌아가 재검토한다.

⑤ 사용자 지향 가이드북을 작성한다 : 그 건축의 성능을 최대한으로 이끌어내려면 사용자가 설계주요점과 메커니즘을 알고, 건물을 컨트롤하는 것이 필요하다.

〈패시브의 어원〉

"패시브"는 1970년경부터 시작되었다. 건물 자체의 연구에 의해 태양열 난방을 하는 패시브 솔라 히팅 시스템이 어원. 특별한 기계장치를 이용해서 자연 에너지를 고효율로 이용하는 방식을 액티브 시스템, 건축 자체의 연구와 함께, 일부에 기계장치를 이용하는 것을 하이브리드 시스템이라 한다. 현재에는 자연소재를 사용하는 것 등도 포함한 것으로 되어, "환경공생건축"과 같은 의미로 쓰이게 되었다.

2 기후조건과 단열성능

일본 대부분의 지역은 온대에 속하지만, 난방도일(暖房度日 : 난방 디그리데이 : 하루평균외기온이 난방개시온도보다 낮아진 경우의 난방실온과 하루평균외기온과의 차. 여기서는 어느 쪽도 18℃) D_{18-18}은 오키나와의 100에서

그림 5.19 차세대 에너지 절약 기준에 의한 지역구분[25]

북해도 동부의 4500까지 폭넓게, 또는 겨울의 태평양측에서는 일사량이 많지만 동해측에서는 적고 눈이 많은 것 등, 지역에 입각한 계획이 요구되고 있다.

이와 같은 일본의 기후에 대해서 주택의 열성능에 대해서는 **주택의 에너지 절약 기준**(1999년 기준 : 통칭 「차세대 에너지 절약 기준」)으로 그림 5.19와 같이 난방도일에 의해 전국을 6개의 지역으로 나누어 단열과 차열의 레벨을 나타내고 있다.

이 단열 레벨은 그럭저럭 유럽과 미국 수준이 되었다고 하지만, 아직 충

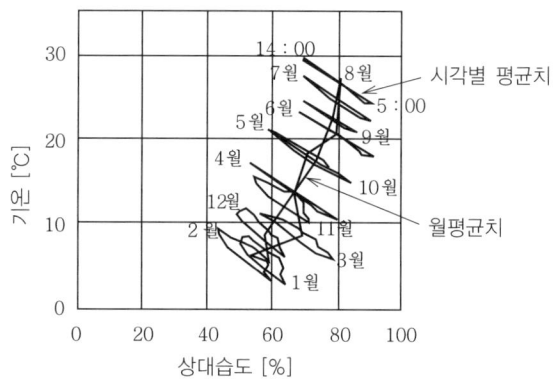

(a) 클라이모그래프(climograph)

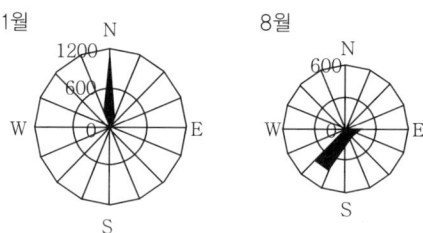

(b) 풍력도

카나가와현 요코하마시		
위도 : 35° 26.2′ N	경도 : 139° 39.4′	해발고도 : 39m
난방도일 D_{18-18} : 1668	냉방도일 D_{24-24} : 111	

그림 5.20 기상 데이터 분석도

분하지는 않고, 특히 자연 에너지 이용을 도모하기 위해서는 보다 높은 수준이 요구된다.

건축 디자인에서는 최초로 부지의 기후조건을, 지형의 영향을 포함해 아는 것이 요구되지만, 연간의 기온이나 습도의 변동은 물론이고, 일사량과 태양의 방향, 계절마다의 탁월풍향은 배치계획, 건물방위, 환경배려수법을 결정하는 중요한 요소이다. 설계의 최초 단계에서는, 예를 들면, 낮 동안과 야간에 탁월풍향이 변하는 것과 같은, 가능한 한 많은 가능성을 고려할 필요가 있다. 현재 일본에서는 전국 842지점의 현장 아메다스 기상 데이터[26]가 준비되어 있고, 이것을 이용함으로써 그림 5.20과 같은 기후조건에 대한 정보가 얻어진다. 또한 세계 7400지점에 대해서도 같은 방식의 데이터[27]가 정비되어 있다.

③ 패시브 디자인의 원칙

(1) 일본의 건축의 원칙

그림 5.21은 북위 35도에서 동서남북 각 면 및 수평면의 동계와 하계의 일사수열량을 나타낸 것이다. 동계는 남쪽면이 받는 일사량이 가장 많고, 하계에는 수평면 외, 동서면도 많다. 이와 같은 일사의 특성으로부터 동계의 일시열 취득, 하계의 사열을 생각해보면 일본의 대부분의 지역에서 "건물은 동서축으로 하고, 남측에 수평 차양이 있는 큰 창문을 낸다. 동서의 벽

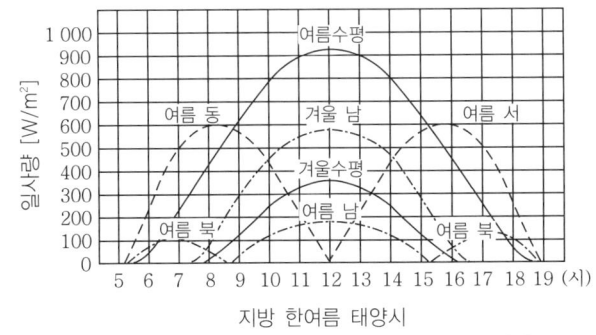

그림 5.21 계절, 방위별 일사취득열량[28]

에는 창문을 붙이지 않거나 최소한으로 그친다. 통풍을 위해 남측의 창문에 대해 북측에 작은 창문을 내는 것"이 건축의 원칙으로 된다.

또 한 가지 원칙이라 말할 만한 충분한 단열성능과 차열성능을 갖게 한 후에, 건축 자체에 의한 자연 에너지 이용을 도모한다. 이때 동계에 대한 대책(패시브 히팅)과 하계에 대한 대책(패시브 쿨링)을 모두 세워야 한다.

(2) 패시브 히팅의 원칙

건축외벽의 단열, 기밀성능을 높이며 건물로부터의 열손실을 최대한 적게 하는 것이 가장 중요하다. 그 후에 이 단열, 기밀성능과 태양열 등의 집열성 능, 모인 열을 축적해 두는 축열성능이라는 3자의 균형을 취한다. 축열체가 작으면 실온의 변동이 크고 집열량에 대해서 축열체가 많으면 실온은 저온 으로 안정된다.

(3) 패시브 쿨링의 원칙

"일사를 끊고 바람을 통하게 하고, 그리고 냉하게 한다"는 것이 원칙. 먼 저 차양이나 단열강화 등에 의해 일사열의 침입을 최대한 배제하는 것이 가 장 중요하다. 다음으로 실내의 열기를 밖으로 배출함과 함께 냉방효과를 얻 는 통풍을 도모하고, 마지막으로 자연의 에너지원에 의해 냉하게 하는 연구 를 한다.

여기서는 아래에 히팅 수법을 중심으로 서술한다.

４ 패시브 솔라 히팅의 수법과 사례

(1) 다이렉트 게인

창문으로부터 입사하는 입사열을 열용량이 큰 바닥나 벽 등의 축열체에 축열시켰다가, 야간이나 흐린 날에 방열시켜서 난방효과를 얻는 방식. 주의 할 점으로서는

① 단열은 충분한 두께로 하고 축열체의 실외측에 배치(외단열)한다.

② 창문은 충분한 일사가 얻어지는 크기로 한다. 단, 야간은 큰 열손실면 이 되므로 야간단열(비) 창문 등을 설치한다.

③ 축열체 위에 융단을 덮어 축열이 새나가지 않도록 주의한다.

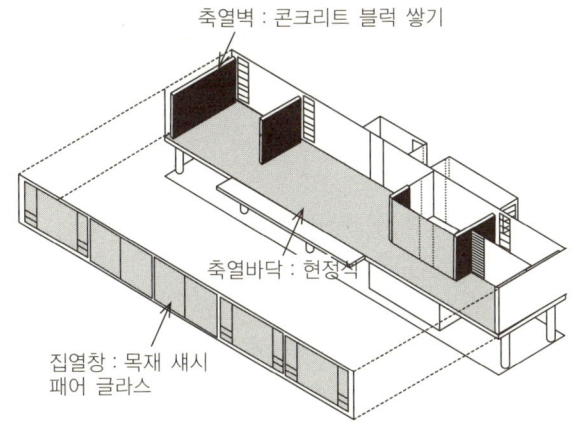

축열벽 : 콘크리트 블럭 쌓기

축열바닥 : 현장석

집열창 : 목재 섀시
패어 글라스

그림 5.22 "모토야마정의 집"의 시스템도[29]

등이 있다.

　그림 5.22는 코치현의 "모토야마정의 집"의 시스템도이다. 하천의 홍수에 대비해 필로티 형식으로 한 섯을 제외하면 다이렉트 게인의 전형적인 사례이다. 동서로 길게, 남측으로 차양 붙인 큰 창문을 구비하였고, 동서 면에 창은 없고, 북측에 통풍을 위한 작은 창이 설치되어 있다. 남면의 유리창(그림 5.23)은 패어 글라스이지만, 역시 그만큼 큰 면저이 되면 야간의 얼손실이 커지므로 단열창문을 설치하는 것이 바람직하다. 실내 측에 단열 창문을 설치한 예로서 그림 5.24 등이 있다.

그림 5.23 모토야마정의 집 외관[29]

그림 5.24 우란비 솔라 하우스(오스트레일리아, 단열 창문의 예)

(2) 트론브 월(그림 5.25)

유리면의 내측에 설치한 두꺼운 RC벽이나 벽돌벽에 일사열를 흡수시켜, 열용량의 효과로 야간에 실내 측에 방열시키는 방식. 주의할 점으로서는

① 벽의 두께에 따라 실내 측에 방열되는 열량과 시간이 달라진다.

② 오전 중에 가장 실온이 낮아질 가능성이 높으므로 실온상승을 빠르게 하기 위해서는 공기자연순환용의 개구(역순환방지 댐퍼 부착)를 설치한다.

③ 하계의 일사차폐, 배열을 반드시 고려할 것 등이 있다.

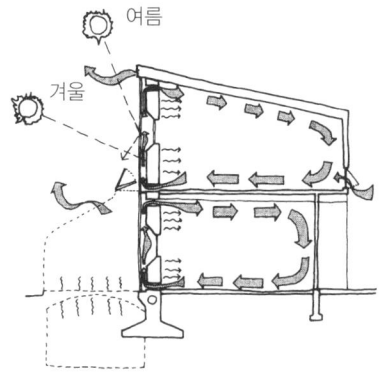

그림 5.25 케르보 저택(미국)[30]

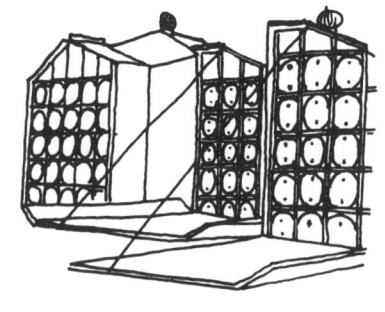

그림 5.26 베어 저택(미국)[31]

그림 5.27 위콤 저택(미국)

그림 5.28 Frei House (오스트리아)

(3) 워터 월

트론브 월와 같은 원리로 축열벽을 물탱크로 한 것이다. 그림 5.26의 베어 저택은 드럼통을 이용하고 있지만, 이 예와 같이 외측에 단열창을 설치하면 좋다. 야간의 열손실 감소, 하계의 일사차폐에 효과적이며 내면을 반사판으로 하면 집열량의 향상이 기대된다. 그림 5.27은 와인 볼트 하우스라고도 부르고 있다.

(4) 부설온실(그린 하우스)

거실의 남측에 온실을 짓고 여기서 모인 열을 실내로 순환하는 방식. 거실과의 경계를 유리문이나 축열벽으로 하는 등 다양한 바리에이션이 있다. 주의할 점은 하계에 온실이 오버 히트하지 않도록 일사차폐가 되도록 배열을 할 필요가 있다.

그림 5.28은 오스트리아의 사례로 온실의 난기를 최상부에서 집열지붕으로 전달하는 것도 가능하며 덕트를 통하여 직접난방기로 전달할 수 있도록 되어 있다.

5.6 액티브 솔라 히팅

1 액티브 시스템의 분류

태양열 이용 액티브 시스템의 분류 예를 표 5.11에 보였다. 급탕 시스템은 주택을 중심으로 자연순환식의 저탕조 일체형이 보급되고 있지만, 주택용 태양열 급탕 전체의 약 1할이 펌프를 사용한 액티브 시스템으로 되어 있다.

솔라 난방급탕 시스템에서 가장 많이 보급되고 있는 것은 OM 솔라라고 부르고 있는 공기집열·공기바닥(空氣床) 난방 시스템이다. 그 다음으로 보급되고 있는 시스템은 수집열(水集熱)·물비닥 난방(水床暖房)으로 비교적 옛날부터 실시되고 있다.

이 시스템에서는 바닥 난방부분이 유닛 패널식으로 되어 있어 축열조에서 열매를 순환하는 것과 바닥 콘크리트에 파이프를 매입해서 바닥 그 자체

표 5.11 액티브 시스템의 분류

분야	이용법	방식·이용 예 등
민생용	급탕 시스템	주택용 솔라 급탕 시스템, 시설용 급탕, 온수 풀, 족탕
	급탕난방 시스템	수집열·물바닥 난방, 수집열·공기상난방, 공기집열공기상난방
	냉난방·급탕 시스템	흡수식 냉동기 냉방, 데시칸트 냉방, 스털링 엔진식 냉방
산업용	건조 시스템	목재건조, 과실건조, 해초건조
	담수화 시스템	직접가열방식, 간접가열방식
	태양열 발전 시스템	집중형, 분산형 저온대체 프론형
	공업용 프로세스 가열	
	태양로	고온연구용

를 축열체로 한 **고체축열식**의 것으로 나뉜다. 이것들 외에 다른 **수집열·공기바닥난방** 시스템이 있고, 집열효율이 좋고 배관공사가 간단한 수집열의 이점과 환기나 배리어 프리(barrier free) 난방이 가능한 공기바닥난방의 이점을 겸비한 시스템이 개발되고 있다.

주택용의 **솔라 냉난방 급탕 시스템**은 최근에 와서는 그 예가 없고 대형시설물만으로 채용되고 있다. 냉방용의 냉열발생원으로는 온수분 흡수식 냉동기를 사용하는 것이 대부분이지만 데시컨트식 제습냉방기의 채용도 실험적으로 수차례 보고되어 있다.

또한 산업용 이용으로서는 표 5.11과 같은 예가 있지만 많은 수가 실험적인 색채가 강하고, 실용적으로는 목재건조 시스템의 실시 예가 있다.

2 집열기의 종류

일반에 시판되고 있는 태양열 집열기는 평판형과 진공관형이 있다. 집열판에는 흑색도장된 것 외에, 선택흡수면 등의 표면처리를 시행하여 집열기로부터의 방사손실을 억제한 것이 있다.

공기집열식의 경우에는 지붕재나 벽재로서의 성격에서 흑색 이외의 컬러강판 등이 이용되고 있는 예도 있다. 투과체는 강화 유리를 채용한 것이 많고, 백판 유리(저철분 유리) 등의 투과율을 개선한 것 등도 있다. 표 5.12에 주요 집열기의 실제 예와 특징을 소개한다.

3 주택용 액티브 시스템과 사례

(1) 급탕 시스템

주택용 급탕은 자연순환식 태양열 온수기가 주류이지만, 집열기와 저탕조를 따로 두는 것으로 급탕 보일러에 직접접속 가능한 주택용 솔라(강제순환식) 급탕 시스템이 있고, 편리성이 높지만 비교적 고가이기 때문에 보급이 진행되고 있지 않다. 그림 5.29는 시스템도이다.

저탕조가 300l(리터)로서 집열기는 4~10m² 정도까지 선정하고 운전제어나 안전장치(안전 밸브, 감압 밸브)·배관 키트 등이 미리 준비되어 있으므로

표 5.12 주된 집열기의 예

집열기의 종류	구성·특징
평판형 집열기(수식)	금속케이스에 스테인리스나 알루미늄으로 만들어진 집열판을 배치하여 표면측을 강화유리로 커버한 구성을 하고 있다. 집열판의 뒷면과 측면에는 유리 섬유 등의 단열재를 배치해서 방열을 막고 있다. 집적판은 흑색으로 칠해서 광선흡수율을 높이거나 선택흡수면 처리로 광선흡수율을 유지하면서 적외선 방사율을 억제하는 연구가 이루어지고 있다. 표면의 유리에는 투과율을 높이기 위한 백판 유리(저철분 유리)를 채용하고 있는 것도 있다. 게다가 유리면으로부터의 대류전열을 억제하기 위해서 유리 아래에 특수 수지성형의 투명단열재로 성능을 높이고 있는 것도 있다.
진공관형 집열기	유리관을 진공으로 하고 이 안에 집열판을 배치하고 있는 집열기. 진공으로 하는 것으로 단열재를 생략할 수 있고, 단열효과도 우수한 것으로 하고 있다. 집열판은 유리관 내부에 들어가도록 가늘고 긴 작은 책 모양의 형상을 하고 있지만 저탕조를 겸한 집열판 겸 저탕조의 관체형식의 것이 있다. 가늘고 긴 책 작은 책 모양의 집열판 방식의 것은 집열판의 각도를 내부에서 바꾸는 것이 가능하며 집열기 본체를 경사지게 하지 않아도 좋다는 이점이 있다. 유리관을 관통하는 이음부분 등의 진공이음부분이 매우 어려운 기술이다.
평판형 공기 집열기	금속 케이스에 철이나 알루미늄으로 된 피형 모양이나 갤러리 형상의 집열판을 배치하여 집열기 내를 통과하는 공기를 오염시키지 않도록 고려하고 있다. 집열판은 흑색으로 칠해져 있지만 현재에는 너무 고온이 되는 것을 피하기 위해 선택흡수면처리를 행하고 있는 것은 없다. 공기의 입구는 집열기의 하측면에서 갤러리 위의 형상을 하고 있다. 공기출구는 집열기 배면과 상측면의 2종류가 있고, 시스템에 의해 가려 쓰이고 있다. 이 외에 케이스가 목제인 것이나 집열기 자체를 현장 시공하는 것도 있지만, 구성은 거의 같다.
벽면설치공기집열기	건물의 벽면에 금속판을 배치하고 뒷면 내부의 공기를 순환시켜서 집열하는 구성의 집열기. 건물의 벽과 일체화되어 있어서 거의 현장시공에 의해 시공되고 있다. 서쪽 면이나 남쪽 면에 배치되어 난방시에는 따뜻해진 공기를 실내로 도입하고, 중간기·여름철에는 벽면에서 따뜻해진 공기를 밖으로 배출시켜 공조부하를 경감한다. 벽재 표면에 무수한 흡입 홈이 있어서 표면 전체로부터 집열공기를 빨아들이는 형상의 것은 환기 등에도 사용되고 있다.

상기 이외에는 태양전지를 집열판 상에 탑재하거나 유리면에 넓혀서 집열 유닛 단위에서 하이브리드 솔라 시스템을 구성하는 시험이 있다. 또한 히트 펌프의 증발기를 흑색으로 칠한 것도 넓은 의미에서는 집열기의 일종이라 할 수 있다.

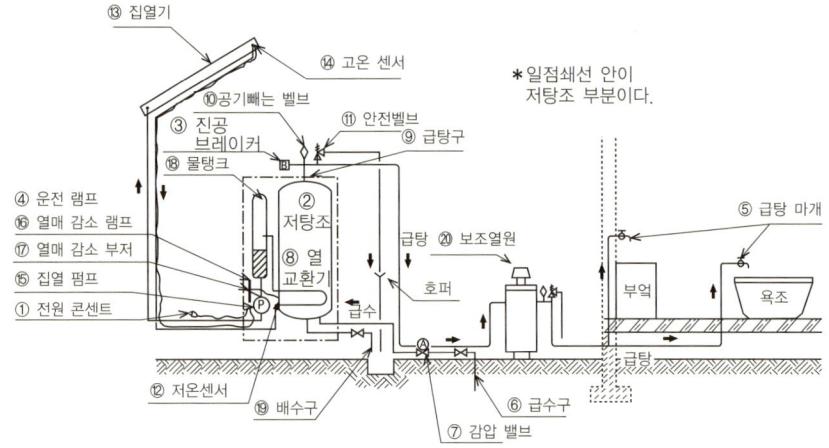

그림 5.29 주택용 시스템 예 (강제순환 급탕 시스템)

설계시공이 간단하여 주택이나 소형물건에서는 이들로부터 선정된 시스템을 완성할 수 있다.

(2) 급탕난방 시스템

주택용 급탕난방 시스템에서 이용되고 있는 주요한 것은 공기집열·공기바닥난방 시스템과 수집열·물바닥난방 시스템 및 수집열·공기바닥난방 시스템이다. 주택용 등의 소규모의 시스템에서는 축열조를 크게 할 필요가 없으므로 축열부분을 겸한 방열기로서 축열식 바닥난방이 채용된다. 소개된 3가지 시스템은 판매회사가 제어부분을 충분히 검토하고 있는 것으로 제어 등이 그대로 사용가능하고, 신뢰성·안전성·비용을 포함해서 유리하다.

① 그림 5.30은 공기집열과 공기바닥난방의 시스템도이다. 외기를 처마로부터 흡입해서 금속지붕과 최상부의 유리 부착 공기집열기에서 승온해서 온풍을 바닥 밑으로 송풍한다. 바닥 밑 전체는 기밀연통한 일종의 체임버로, 바닥 밑 전체에 온풍이 돌고 실내 측의 갤러리(분출구)로부터 온풍이 불어 나가게 한다. 온풍이 바닥 밑을 통해서 실내로 들어오기까지의 사이에 바닥 밑 콘크리트 등으로 축열됨과 함께 바닥면 전체를 따뜻하게 해서 바닥난방한다. 야간에 실내온도가 낮아지면 바닥

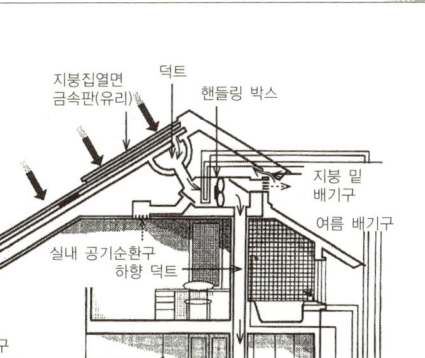

그림 5.30 공기집열·공기바닥난방 시스템 도

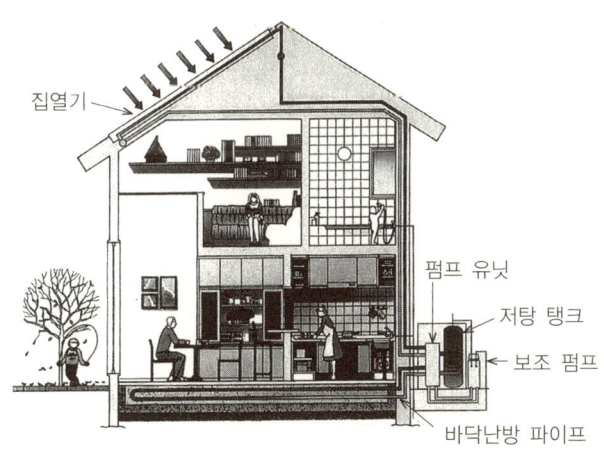

그림 5.31 수집열·물바닥난방 시스템 도

및 콘크리트로부터 열이 방출되어 바닥과 실내를 따뜻하게 해서 실온
의 저하를 억제한다. 외기도입을 하면서 난방이 가능하기 때문에 실내

공기가 오염되지 않는다는 특징을 가지고 있다. 전용의 에어 핸들링 유닛을 사용해서, 공기열교환 코일로 집열공기로 뜨거운 물을 얻을 수 있다. 현재에는 팬이나 펌프 전원에 태양전지를 직접 사용해서 전력 절약이나 재해시에 운전이 가능한 자립운전 타입이 주류기종이 되고 있다.

② 그림 5.31은 수집열·물바닥난방의 시스템도이다. 시스템으로서는 비교적 오래되었고 수식집열기에 부동액 등의 열매를 순환시켜 집열한다. 집열한 열매를 저탕조에 순환해서 더운 물을 얻지만, 난방시에는 바닥난방 회로에서 순환한다. 그림은 난방용 축열체로서 콘크리트의 기초를 이용하고 있다.

③ 그림 5.32는 수집열·공기바닥난방의 시스템도이다. 수식집열기로 집열하여 난방시는 열매를 바닥 밑의 팬 코일로 순환해서 온풍을 바닥 밑에 송출한다. 공기식 바닥난방과 같이 바닥 밑 콘크리트에 축열하면서 바닥 전체를 데워서 바닥난방한다. 팬 코일은 태양열용과 보조난방용의 2코일식으로 설정온도나 집열온도에 의해 태양난방/보조난방/태

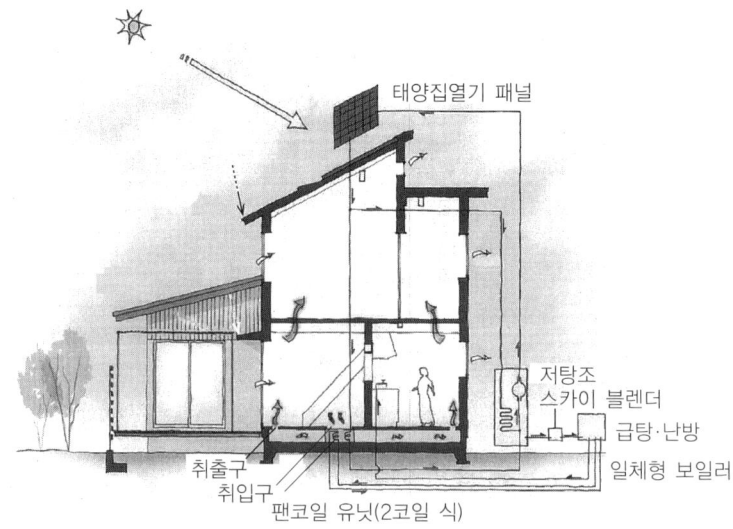

그림 5.32 수집열공기상난방 시스템도

양+보조난방을 자동 또는 수동으로 선택할 수 있다. 팬 코일은 외기를 끌어들임으로 중간기·하계(및 동계)에는 밑바닥 환기를 한다. 더운 물을 얻는 방식은 수집열과 같지만, 실온설정에 의해 아침저녁은 난방, 하루 중은 더운 물을 얻을 수 있다. 수식, 공기식의 이점, 약점을 정리한 시스템이지만, 별로 보급은 되어 있지 않다.

(3) 냉난방 급탕 시스템

그림 5.33은 일본 통산성(현재의 경제산업성) 프로젝트에서 만든 실험주택의 시스템도이다. 냉방을 할 경우, 온수분 흡수식냉동기를 사용하는 것이 일반적이기 때문에 대형 시스템에서도 거의 같은 시스템도가 된다. 실시 예에서는 38m²의 평판형 집열기에 의해 냉방 시에는 90℃ 이상으로 집열하여 0.9m³의 축열조에서 축열한다. 축열조에서 온수를 흡수냉동기(2냉동톤)로 보내 냉수를 만들며, 냉수를 가옥내의 팬 코일 유닛에 보내 냉방한다. 난방의 경우는 집열한 온수를 축열조에 넣어서 이것을 팬 코일에 보내서 난방한다. 급탕은 150ℓ의 온수 탱크가 축열조의 가운데에 내장되어 있어서, 보일러 경유로 택내로 급탕한다. 본 예에서는 냉난방 급탕 에너지의 8할 정도를 조달할 수 있지만(급탕 에너지의 약 98%, 난방 에너지의 약 80%, 냉방 에너지의 약 25%), 설비로서 온수분 흡수냉동기, 쿨링 타워, 축열조가 필요하며, 설비기기, 설치장소·공사가 주택 레벨을 넘기 때문에 냉방을 태양열로 행하기 위해서는 투자가 너무 크고, 현시점에서는 주택용 태양열 이용의 경우는 난방급탕까지가 적절하다고 생각된다.

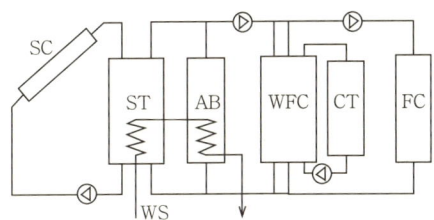

SC : 태양집열기
ST : 축열조
WFC : 온수분흡수식 냉온수기
WS : 급수
FC : 공조기
AB : 보조 보일러
CT : 쿨링 타워

그림 5.33 냉난방 급탕 주택의 시스템도

4 일반건축용 액티브 시스템과 사례

일반건축에서는 목적이나 시설의 조건 등으로 여러 가지 시스템이 되므로 사례를 들어 설명한다.

(1) 급탕 시스템

① 그림 5.34는 2000년 4월에 신축한 시즈오카현 후지에다시에 있는 4층 건물 연건평 6800m², 170 병상의 병원이다. 집열기는 옥상에 25매×2열(95.5m²)을 가대설치하고 있다. 1층의 기계실에는 5m³의 축열조와 1.65m³의 저탕조 2대, 140kW의 보일러 2대가 있다. 축열조에서 저탕조로 열을 이동하여 병원 내의 급탕에 사용한다. 보일러는 저탕조에 병렬로 연결

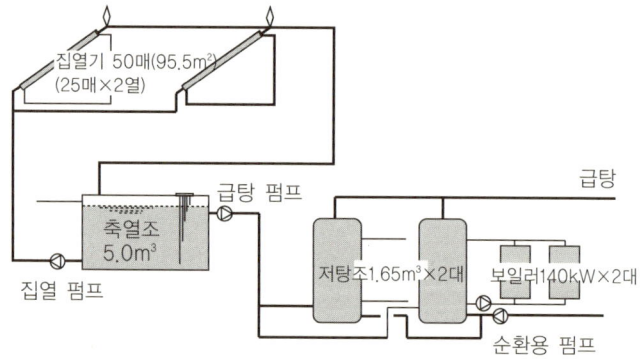

그림 5.34 후지에다 슨푸병원의 급탕 시스템도

그림 5.35 미나미토리섬의 태양열 온수기를 병렬로 설치한 급탕 시스템

되어 저탕조의 온도를 일정하게 유지하고 있다.

② 그림 5.35는 일반 태양열 온수기를 병렬설치한 급탕 시스템의 예(미나미토리섬)로 소형태양전지로 각각 집열 펌프를 운전한다. 탱크가 스테인리스강 밀폐구조이기 때문에 수도직압으로 사용할 수 있다. 급수와 급탕배관을 각각의 기기에서 병렬로 배관하면, 저탕조나 제어 시스템 등의 설계가 불필요하기 때문에 매우 저렴한 가격에 시스템 구성이 가능하다. 1대가 200*l*여서 10대 설치한다면 2m³의 급탕 탱크를 가진 시스템과 같아진다. 고장난 경우에도 대상기를 교환하는 것만으로도 좋고, 긴급시의 자유도도 높기 때문에 간이 시스템으로서 채용되고 있다.

(2) 난방급탕 시스템

① 그림 5.36은 2001년 2월에 준공한 고쿠분지시에 있는 교육시설이다. 집열기는 옥상에 10매×10열의 배치로 191m²가 가대설치되어 있다. 집열기의 경사각도는 동계에 맞추어서 55°로 축열조 10.2m³로 급탕용 저탕조 4m³, 보일러 등은 식당 건물의 기계실에 설치되어 있다. 난빙은 축열조의 열을 외부열교환기에서 열교환하여, 난방회로에 공급해서 식당의 바닥 난방을 행한다.

② 그림 5.37은 공기집열·공기바닥닌방 시스템의 예이다. 후지산의 타누

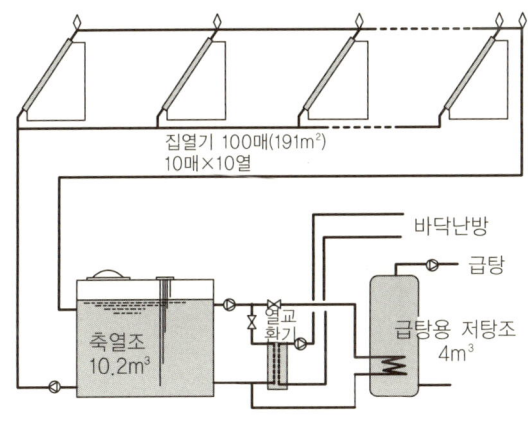

그림 5.36 교육시설의 난방급탕 시스템

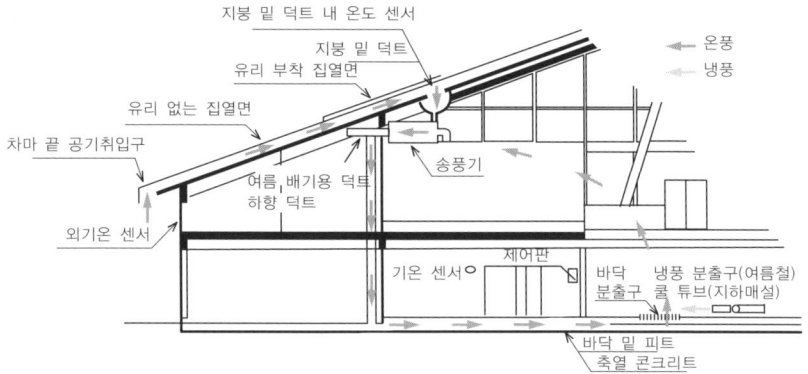

지붕 밑 덕트 내 온도 센서
지붕 밑 덕트
유리 부착 집열면
유리 없는 집열면
차마 끝 공기취입구
여름,배기용 덕트
하향 덕트
외기온 센서
송풍기
온풍
냉풍
기온 센서
제어판
바닥 분출구
냉풍 분출구(여름철)
쿨 튜브(지하매설)
바닥 밑 피트 축열 콘크리트

그림 5.37 공기집열·공기바닥난방 시스템

키 호반에 있는 교육연수시설로, 주변에 같은 시스템의 별장이 배치되어 있다. 시스템은 주택용 OM 시스템과 같이 핸들링 유닛이 크게 된 형태이다.

(3) 난냉방 급탕 시스템

그림 5.38은 난냉방 시스템의 예로 나스시오바라시에 2003년 3월에 개소한 노인건강시설이다. 단층 건물 연건평 610m²로, 고령자의 교류의 장이나 기능훈련을 위한 근력 트레이닝 룸, 온수 풀 등이 설치되어 있다. 집열기

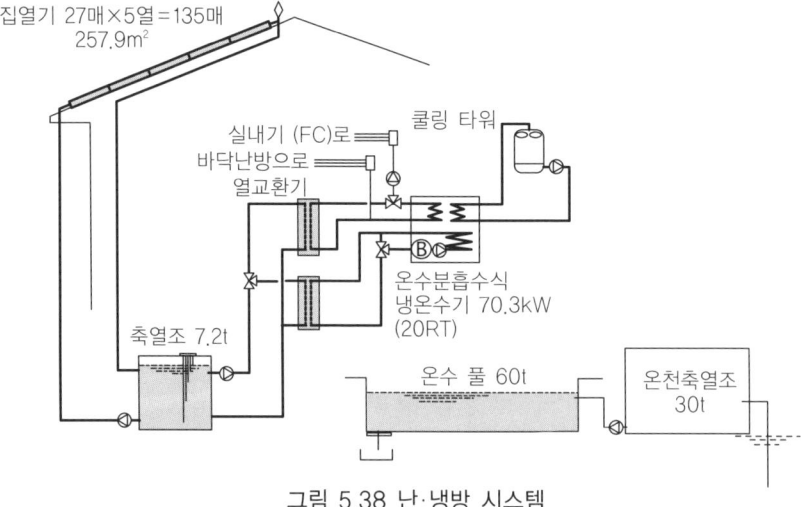

집열기 27매×5열=135매
257.9m²
실내기 (FC)로
바닥난방으로
열교환기
쿨링 타워
온수분흡수식 냉온수기 70.3kW (20RT)
축열조 7.2t
온수 풀 60t
온천축열조 30t

그림 5.38 난·냉방 시스템

는 258m²이고 축열조는 4.5m³이다.

　냉난방은 보일러 부착 온수분 흡수냉온수기(70kW 등유분)가 여름, 겨울에 함께 가동한다. 겨울에는 고령자를 배려하여 팬 코일 난방과 바닥난방을 병용하고 있다. 입지가 온천이기 때문에 급탕에는 온천이 이용되고 있다.

참고문헌

（1）　入来正躬：体温生理学テキスト，文光堂（2003）
（2）　中山昭雄 編：温熱生理学，理工学社（1985）
（3）　ISO 7730 Second edition 1994-12-15: Moderate thermal environments-Determination of the PMV and PPD indices and specification of the conditions for thermal comfort
（4）　ANSI/ASHRAE Standard 55-2004：Thermal Environmental Conditions for Human Occupancy
（5）　木村建一編：建築環境学 1，5. 温熱快適性，p. 129〜154，丸善（1992）
（6）　日本建築学会　第 34 回熱シンポジウム「温熱環境の設計・評価法の実用的諸問題」（2004）
（7）　瀬尾文彦，坊垣和明：快適性の構造に関する基礎的研究，日本建築学会計画系論文集，No. 475，p. 75〜83（1995）
（8）　室恵子，伊藤直明，須永修通：言語選択法と評定尺度法による温熱環境評価の比較 心理評価の抽出方法に関する研究（1），日本建築学会計画系論文集，No. 489，p. 81〜88，温熱環境評価における言語選択法の有効性に関する検討 同（2），No. 511，p. 61〜68
（9）　Per Heiselberg: principals of hybrid-ventilation, IEA energy conservation in buildings and community systems program（2002）
（10）　石原正雄：建築換気設計，朝倉書店（1969）
（11）　細井昭憲 他 2 名：自然通風の温熱快適性に基づく制御方法と省エネルギー効果，日本建築学会計画系論文集，第 577 号，p. 7〜12（2004.3）
（12）　JIS 照度基準よりアレンジして作成
（13）　須永修通：建築環境工学教科書（第二版），p. 78（図 7-3），彰国社（2000）
（14）　新太陽エネルギー利用ハンドブック編集委員会編：新太陽エネルギー利

用ハンドブック，p.255，図 8.4.4（1993）より作成（庇・ベランダと垂直ルーバーの 2 点），元図は木村建一：環境工学，彰国社（1996）

(15)　井上隆：建築環境工学教科書，p.92～93（図 9-14），彰国社（2000）より作成（遮蔽型 Low-e ガラス，内付けブラインド，外付けブラインド，ブラインド内蔵二重サッシ（通気型）の図を拝借して作成）

(16)　新太陽エネルギー利用ハンドブック編集委員会編：新太陽エネルギー利用ハンドブック，p.511，図 7.2.1（1993）より作成（新ハンドブック，図 7.2.1（A），（D），（F）を再掲），元図は日本建築学会編：採光設計（設計計画パンフレット），彰国社（1993）

(17)　東京ガス（株）ライフサイクル省エネルギーオフィス　パンフレットより作成（図を切り取り加筆して作成）

(18)　日本建築学会編：建築設計資料集成 1, 環境，p.79 より作成, 丸善（1995）（「1 主な光源の性能と特徴」より抜粋）

(19)　東宮伝：照明の計画とデザイン，p.101 より作成，オーム社（1966）

(20)　空気調和・衛生工学便覧 第 2 編，第 4 編，第 5 編，空気調和衛生工学会（2002）

(21)　建築設備学教科書研究会編著：建築設備学教科書，彰国社（1991）

(22)　田中俊六 監修：最新建築設備工学，井上書院（2002）

(23)　自立循環型住宅への設計ガイドライン，財団法人建築環境・省エネルギー機構（2005）

(24)　須永修通：建築設計資料集成　総合編，丸善，p.28（[2] 図）（2001）

(25)　須永修通：パッシブ建築設計手法事典（新訂版），p.22（図 1），彰国社（2000）

(26)　日本建築学会編：拡張アメダス気象データ（1981-2000 年版），鹿児島TLO（2005）

(27)　Meteotest, METEONORM Ver. 5.0（2003）

(28)　須永修通：建築設計資料集成　総合編，p.29（[2] 図），丸善（2001）

(29)　小玉祐一郎（神戸芸術工科大学教授）提供

(30)　須永修通：パッシブ建築設計手法事典（新訂版），p.27（図 18）（2000）

(31)　須永修通：パッシブ建築設計手法事典（新訂版），p.27（図 19）（2000）

06

바이오매스 에너지

본 장에서는 바이오매스 에너지의 이용기술에 대해서 서술한다. 바이오매스는 다른 재생가능 에너지와 달리 유기성 자원이며 전기·열의 공급 외에 석유자원 대체연료로서도 주목받고 있다. 바이오매스라고 해도 나무부터 하수 슬러지, 분뇨까지 매우 폭넓고 그것들의 원료에 대한 이용기술에도 많은 것이 있다. 최근 일본에서도 적극적으로 바이오 에너지를 다루려고 하는 움직임이 있다. 바이오매스의 이용은 순환형 사회의 가장 기본적인 골격이다. 그러나 일본의 바이오매스 부존량은 적으며 앞으로 해외 바이오매스의 이용을 포함하여, 넓은 시야를 가질 필요가 있다.

6.1 바이오매스의 정의와 부존량

1 바이오매스의 정의와 그 특징

바이오매스는 바이오(생물)과 매스(량)의 합성어이며, 원래는 생태학의 용어로 생물량을 나타내고 있었다. 이 경우의 바이오매스는 인간도 포함한 동·식물, 미생물 등의 살아 있는 생물 및 낙엽이나 음식물 쓰레기, 건축폐자재 등 생물유래의 유기물도 포함하여 매우 넓은 의미를 가지고 있다.

한편, 석유파동 이후 생물기원의 자원을 에너지 자원으로서 활용하는 움직임이 활발해지고 에너지 이용을 위한 생물자원을 바이오매스라 부르게 되었다. 일본에서는 2002년 1월 25일부로 개정된 「신에너지 이용 등의 촉진에 관한 특별조치법 시행령」에서 바이오매스는 "동·식물에서 유래하는 유기물이며 에너지원으로서 이용하는 것이 가능한 것(원유, 석유가스, 가연성 천연 가스 및 석탄, 그리고 이들로부터 제조된 제품을 제외)"로 하고 있다.

일본에서는 바이오매스를 원재료로써 제조된 열이나 전기, 그리고 기체·액체연료를 **바이오매스 에너지**라 부르는 경우가 많지만 국제연합식량농업기관(FAO)이나 국제에너지기관(IEA)에서는 **바이오 에너지**로서 용어를 통일하고 있다.

바이오매스의 분류로서는 여러 가지 방법이 있지만, 그림 6.1에 발생원별 바이오매스 자원의 분류를 보였다. 한 마디로 바이오매스라고 하면, 목재나 사탕수수·옥수수 등의 농산물부터 시작해서 다시마나 물옥잠 등의 수산자원, 또 볏짚이나 겨, 임지잔재, 가축분뇨 등의 농림수산폐기물이나 하수오니나 음식물 쓰레기, 건축폐자재 등의 폐기물까지 매우 폭넓고, 그 성질과 상태도 다양하다. 예를 들면, 에너지 이용에서 중요한 요인이 되는 **함수율**

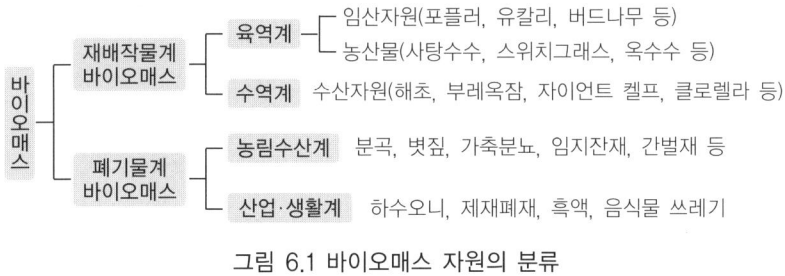

그림 6.1 바이오매스 자원의 분류

(含水率)을 보면 종이류의 수 %부터 수목(생목) 50~70%, 수생생물이나 오니 90% 이상 등 크게 달라진다.

　이들 바이오매스는 식물 등의 **광합성**에서 유래하는 유기자원이다. 그 때문에 목재나 농산물계 바이오매스는 이용한 분량에 상당하는 양을 재차 재생함으로써 실질적으로 이산화탄소의 증가는 없다. 또한 폐기물계 바이오매스는 어떠한 대처도 하지 않는다면 그대로 이산화탄소가 방출되므로 에너지 회수를 히는 것에 의해 그 분량의 화석연료 사용분에서 방출되는 이산화탄소의 증가를 저감할 수 있다. 태양광이나 풍력 등의 다른 재생가능 에너지와는 달리 바이오매스는 **유기성 자원**이기 때문에 원료로서 또는 고체·기체·액체연료로서 저장하는 것도 가능하며, 화석연료인 석유나 석탄, 천연 가스를 대체할 수 있다는 것이 큰 장점이다.

② 바이오매스의 부존량

　일본의 바이오매스 **부존량** 및 이용 가능 가능성에 대해서는 몇 가지의 보고가 이루어지고 있다. 그 중에서 경제산업성 위탁조사로 행해진 바이오매스 에너지 부존량 조사의 결과[1]를 그림 6.2에 보인다.

　에너지 부존량은 1667PJ/y(원유환산 : 4334만 kl)였다. 이것은 일본의 2003년의 1차 에너지 총공급 23076PJ/y(원유환산 : 59596만 kl)의 7.2%에 상당한다. 가장 부존량이 높은 것은 제지계 바이오매스의 520PJ/y이다. 제지계 바이오매스로서는 헌 종이와 제지공장에서 생기는 흑액이 있다.

　헌 종이의 에너지 부존량은 313PJ/y이지만 헌 종이는 재활용이 진행되고

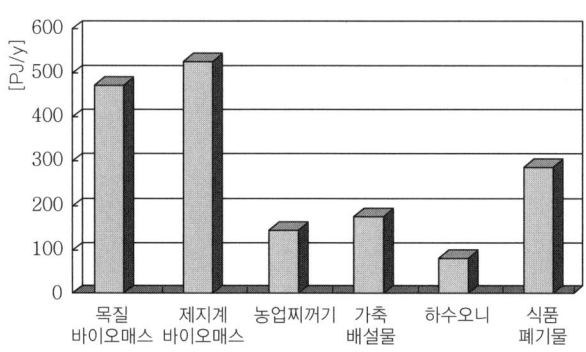

그림 6.2 바이오매스 에너지의 부존량

있기 때문에 이용가능량으로서는 매우 작다. 또한 흑액도 이미 제지공장에서 거의 모든 양이 이용되고 있다. 다음으로 부존량이 많은 바이오매스는 목질계 바이오매스로 471PJ/y이며, 그 중에서도 이용하고 있지 않은 나무가 214PJ/y이다.

다음은 식품폐기물로, 그 대부분이 식품가공폐기물이다. 총 이용가능량을 견적해보면 1261PJ/y(원유환산 : 3279만 kl)였다. 이것은 2005년의 1차 에너지 총공급의 5.5%에 상당한다. 일본의 바이오매스 자원량으로는 주요한 에너지원으로는 될 수 없지만, 무시할 수 없는 양이기도 하다.

6.2 태양 에너지의 고정변환

1 광합성 반응

그림 6.3에 생물권에서의 물질순환을 나타냈다. 그림에 나타난 것처럼 광합성 생물이 태양 에너지를 이용하여 생물권 전체의 펌프의 역할을 하여 생물순환을 진행시킴을 알 수 있다. 식물이나 녹조 등의 광합성은 그림 6.4에 보인 것처럼 2개의 **광반응중심**에서 성립하는 반응계(**전자전달계**)에서 광화학반응이 진행된다.

이 반응계에서는 생물의 에너지원이 되는 **아데노신3인산(ATP)**과 후단의 효소반응에서 이산화탄소를 환원하는 환원력으로 되는 환원형 **니코틴아미드 아데닌 디 뉴클레오티드 인산(NADPH)**이 생성된다. 세포균 중에서도 광합성을 행하는 것이 있다.

시아노박테리아는 식물 등과 같은 산소발생형의 광합성을 행하지만 홍색세균이나 녹색세균의 광합성 세균에서는 하나의 광반응중심밖에 가지지 않고, 전자공여체가 물이 아닌 황화수소나 유기산을 이용한다. 또한 이 외에

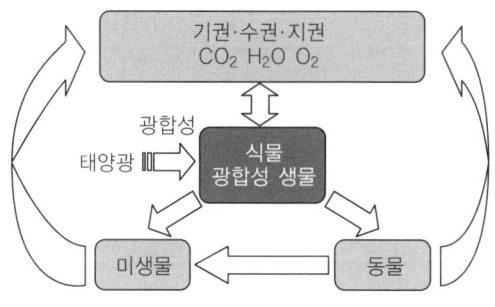

그림 6.3 생물권의 물질순환

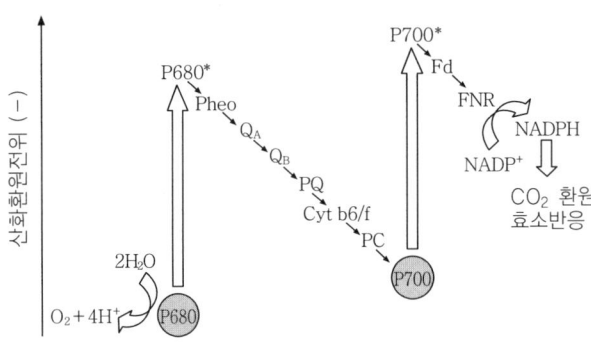

P680* : P680의 여기상태　　　Pheo : 페오피틴　　　　　QA : 제1 퀴논
QB : 제2 퀴논　　　　　　　　PQ : 플라스토 퀴논　　　Cyt b6/f : 시토크롬 b6/f복합체
PC : 플라스트 시아닌　　　　　P700* : P700의 여기상태　Fd : 페레독신
FNR : Fd-NADP 환원효소

그림 6.4 광합성 전자전달계

호기성의 광합성세균이나 특이한 박테리오클로로필을 가진 광합성세균도
발견되고 있다.

식물이나 시아노박테리아가 행하고 있는 광합성과 광합성세균에서는 광
반응중심이 되는 색소나 빛을 보집하는 안테나 색소 등도 크게 다르다. 전
자는 클로로필이나 카로티노이드, 피코빌린 등의 색소를 가지며, 후자는 박
테리오클로로필 및 카로티노이드를 가진다. 색소가 다르면 흡수되는 빛의
파장도 다르며, 식물이나 시아노박테리아 등에서는 2개의 광반응 중심
P680과 P700에 의해 400~700nm 파장의 빛을 이용하고, 한편 광합성세
균에서는 P840이나 P870의 광반응 중심에 의해 가시광으로부터 900~
1000nm 이상 더 긴 파장의 빛도 이용할 수 있다.

예로서, 식물의 빛에너지 변환효율을 구해보자. 빛에 의해 680nm에 흡
수극대를 가진 광반응 중심 P680에서 여기된 전자는 그림 6.4와 같이 산화
환원전위에 따라 나열된 산화환원물질에 순차로 전달된다. 그리고 산화상태
가 된 P680은 물의 분해를 행한다. P680에서 광여기된 빛은 700nm의 흡
수극대를 가진 P700에 있어서 재차 여기되어, 최종적으로 니코틴아미드 아
데닌 디 뉴클레오티드 인산(NADP$^+$)에 전달되어, NADPH가 된다. 또한 플

라스토퀴논(PQ)은 cyt b6/f복합체로 전자전달을 행함과 동시에 막을 끼운 프로톤의 운반이 행해지는 동안 프로톤의 기울기, 즉 pH차와 막전위가 생긴다. 이 프로톤 기울기에 의해 얻어진 에너지를 이용해서 ATP(포스파타아제 : 인산에스테르화합물이나 풀리인산의 가수분해를 촉매하는 효소의 총칭. 역자 주)에 의해 고에너지 인산화합물인 ATP가 만들어진다. 그리고 NADPH와 ATP를 이용해서 이산화탄소를 환원한다. 이상과 같이 680nm과 700nm 2개의 광자(1.82eV+1.77eV=3.59eV)에 의해 물의 분해로부터 NADP⁺의 환원까지의 전위차 1.13eV를 만들어내기 때문에 이 반응의 에너지 변환효율은 1.13eV/3.59eV=31%로 된다.

식물 등의 광합성에서는 400~700nm의 빛을 이용하고 있다. 광합성이 이용할 수 있는 이 파장역의 태양광의 방사량(Photosynthetically Active Radiation : PAR)은 지구표면 상에 도달하는 태양 에너지의 대략 50%이다. 이들 빛이 광반응 중심의 주위에 있는 안테나 색소군에 의해 흡수되어시 광반응 중심까지 운반된다. 단피장의 빛도 결국 700nm의 빛으로서 이용되기 때문에 결국 태양광의 조사량의 32%밖에 이용할 수 없다. 그러므로 빛의 반사나 산란 등이 없고, 광화학반응의 양자수율을 1, ATP의 생성을 무시한다고 가정하면 지구표면 상에 조사된 태양광에서 NADPH 생성의 에너지 변환효율은 31%×32%=9.9%로 된다.

광합성의 전자전달계에 의해 생성된 NADPH와 ATP는 이산화탄소를 동화하는 데에 이용된다. 식물에서는, 이산화탄소의 동화에 3가지 타입이 있다. 기본이 되는 반응은, 많은 효소반응으로 구성된 환원적 **펜토오스인산회로**(pentose phosphate cycle)에서 이산화탄소가 가져온 최초의 산물이 C3화합물의 3-포스포글리세린산이라는 것으로부터 **C3회로**, 또는 발견자의 이름을 취해서 캘빈-벤슨회로(Calvin-Benson cycle)라고도 부르고 있다.

광합성을 효율적으로 진행시키려면 대기중의 이산화탄소 농도가 낮아야 한다. 그러기 위해서는 사탕수수나 옥수수로는 환원적 펜토오스인산회로보다도 광합성 효율을 높이기 위해, 엽육세포에 이산화탄소를 농축하는 기구를 가진 C4경로(이산화탄소가 가져온 최초의 산물이 C4화합물의 옥살로초

산이기 때문에)나, 선인장같이 야간에 기공을 열어서 이산화탄소를 흡수해 사과산으로 축적하는 **크레슐산 대사(CAM)**가 있다.

② 생물생산

광합성에 의해 유기물이 생산된 총량을 **총생산량**, 총생산량에서 식물체 자체의 호흡에 의해 잃은 양을 차감한 것을 **순생산량**이라 한다. 식물체 자체의 호흡손실은 대강 30% 정도이지만, 종(種)이나 생육환경에 의해서도 크게 달라진다. 삼림의 경우, 총생산량은 2~4% 정도이고, 순생산량은 0.5~1.5%까지 떨어진다.

다년생 초목의 경우는 총생산량이 1~2%로 삼림의 경우에 비해 크게 떨어지지만 순생산량은 삼림의 경우와 같이 거의 동등한 0.5~1%이다. 1년생 초목의 경우는 토지의 상태에 의해서도 크게 영향을 받지만, 총생산량은 최대로도 1.5% 정도, 순생산량은 최대로 1% 정도이다.

재배계 바이오매스 에너지를 이용하는 경우에 중요해지는 것은 생산량이다. 재배환경에 크게 의존하지만, 1년간의 목본계 바이오매스(건조체)의 생산량은, 예를 들면, 유칼리 : 20t/ha, 하이브리드 포플러 : 10~15t/ha, 버드나무 : 8~10t/ha 정도이다. 한편, 초본계 바이오매스(곡물, 목초)에서는, 사탕수수 : 30t/ha, 스위트 수수 : 15t/ha, 스위치그래스 : 16t/ha이다. 그 중에는 엘리펀트 그래스(네피아 그래스)와 같이 80t/ha 이상이 되는 목초도 있다.

6.3 바이오매스의 이용법

1 바이오매스의 에너지 변환기술

상술한 것처럼 바이오매스는 매우 폭넓다. 그 때문에 그것을 이용하는 기술도 여러 가지이다. 그림 6.5에 바이오매스의 대표적인 에너지 변환기술을 보였다. 기본적으로 목재 등의 비교적 함수율이 낮은 바이오매스에 대해서는 **직접연소**나 **열화학 변환**기술이 이용되어, 음식물 쓰레기나 하수오니 등

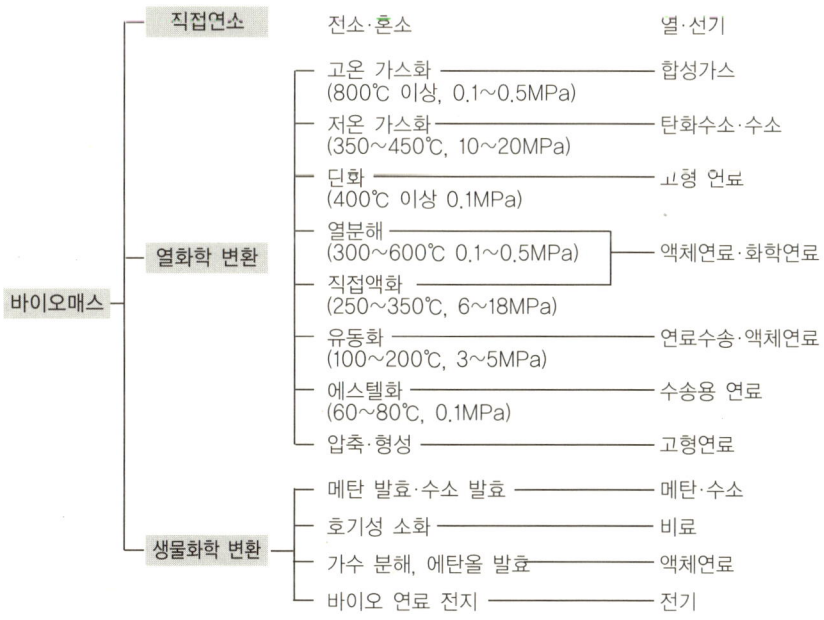

그림 6.5 바이오매스 에너지의 변환기술

의 고함수율의 바이오매스에 대해서는 **생물학적 변환기술**이 이용된다. 이들 기술은 직접연소나 **탄화, 메탄 발효**와 같이 상업화되어 있는 것도 있지만, 실증단계의 것, 기초연구 레벨의 것 등, 개발상황은 여러 가지이다. 아래에 각 기술의 개략을 서술한다.

(1) 직접연소

바이오매스의 직접연소는 예를 들면 땔감의 연소 등 옛날부터 있는 기술이다. 그러나 바이오매스는 석탄 등에 비해서 함수율이 높고, 발열량이 낮다. 그 때문에 종래형의 연소방법에 의한 바이오매스 전소에는 화석연료의 경우에 비해서 연소효율이 낮아진다. 보다 고효율의 화격자나 로터리 킬른, 유동상로 등의 적용이나 신규 노(爐)의 개발이 진행되고 있다. 바이오매스의 직접연소에는 증기 터빈에 의해 발전하는 것도 가능하지만, 북유럽을 중심으로 한 유럽에서는 열원으로서 이용하고, 대규모의 유동바닥 연소로를 이용해서 지역열공급에 이용하고 있다. 또한 목재 칩 등을 압축성형한 펠릿을 이용한 펠릿 스토브(pellet stove) 등의 도입이 진행되고 있으며, 분산형 열원으로서 이용되고 있다. 목재 칩 등을 펠릿화함으로써 연료의 부피가 작아지고 연소특성도 향상한다. 펠릿 스토브는 자동화되고 있으며, 효율이 좋은 연소제어가 행해진다.

바이오매스 전소에서는 낮은 연소효율이 문제가 되지만, 기존의 화력발전소 등에서 바이오매스를 석탄 등과 섞어서 연소(**혼소**)시키는 경우, 혼소율에 영향을 받지만 거의 화석연료 전소의 경우와 동등한 연소효율을 얻는 것이 가능하며, 바이오매스의 고효율 연소와 화석연료의 대체효과를 겸비한다. 또한, 대량의 바이오매스를 처리하는 것이 가능하다는 등의 이점도 가지고 있다. 과제로서는 바이오매스의 분쇄기술의 개발이나 바이오매스의 대량수집이다.

(2) 열화학적 변환

그림 6.5에 나타낸 것처럼 바이오매스에 열과 압력을 걸어 반응시킴으로써 열과 압력에 의해 여러 가지 생산물을 얻는다. 온도를 올릴수록 고형에서 액상화되고, 더욱 온도를 올리면 액체 또는 가스화한다. 압력을 걸면 그

것들의 반응온도를 낮출 수 있다. 바이오매스의 열화학적 반응은 먼저 처음으로 원료 바이오매스의 표면수분의 증발, 그 뒤에 고유수분의 증발이 일어난다. 200℃ 이상이 되면 열분해가 시작되어 바이오매스 중의 휘발성분이 기화되어, 일산화탄소, 이산화탄소·수소·물이 생성된다. 더 온도를 올리면 경질의 탄화수소에서 중질의 탄소수소로 생성물이 변화해간다. 산소나 물, 이산화탄소 등의 가스화제가 있는 경우는 탄쇠수소는 가스화제와 반응해서 저분자의 클린 가스로 전환되지만, 가스화제와 반응하지 않으면 탄화수소가 축합해서 타르나 그을림이 발생한다. 바이오매스의 가스화 반응을 간이적으로 다음의 반응식으로 나타낼 수 있다.

$$C_nH_mO_p + aO_2 + bH_2O \rightarrow cCO + dCO_2 + eH_2 + C_xH_y \qquad (6.1)$$

열화학적 변환에서는, 저발열량에서 부피 많은 바이오매스를 보다 고품질로 이용하기 쉬운 액체, 기체연료로 변환하는 것이 가능하다. 석탄의 열화학적 변환과 비교하면 바이오매스는 열화학적으로 보다 반응하기 쉬운 원료이며, 기스회 등의 반응 온도를 낮추는 것도 가능하다. 그러나 그럴 경우, 타르가 나오기 쉬워지고, 생성 가스 중에 타르가 잔존하여 기기의 이용에 문제가 발생하기 때문에, 타르의 제거가 큰 과제로 되고 있다. 근년에는 고온가스화 등에 의해 생성한 수소나 일산화탄소 가스 등의 생성 가스를 **피셔-트롭슈 반응**에 의해 가솔린이나 디젤을 대체하는 합성연료에 전환하는 연구가 진행되고 있다.

또한 식물유 등을 70℃ 정도에서 알칼리 촉매를 첨가함으로써 에스테르화하여, 디젤 **대체 연료(바이오 디젤 연료)**로서 이용할 수 있다. 프랑스·이탈리아·오스트리아 등의 유럽과 미국을 중심으로 브라질이나 동남아시아에서도 바이오 디젤 연료를 도입하는 움직임이 나오고 있다. 일본에서도 교토시나 시가현 등의 지방자치체를 중심으로, 폐식용유나 채종유로부터의 바이오 디젤연료의 생산과 이용이 진행되고 있다. 바이오 디젤 연료의 연소에서는 경유에 비해 SO_x나 **흑연**이 감소한다.

열화학적 변환에서는 고온상태에서 반응시키기 위해 함수율이 높으면 물에 열을 빼앗겨, 여분으로 열을 가하지 않으면 안 되기 때문에 연소효율이 감소하므로, 원료 바이오매스를 충분히 건조시킬 필요가 있다. 한편 고온고압조건 아래에서의 물의 특성을 이용한 **초(아)임계수 가스화**에서는 반응용매로 물을 이용하기 때문에 함수율이 높은 바이오매스를 열화학적으로 가스화할 수 있다. 임계점(647K, 22.1MPa)을 넘는 온도와 압력의 수중에서는 가수분해 및 열분해가 신속하게 진행되어 가스로까지 분해된다. 임계점 이하의 온도압력상태(아임계)에서도 같은 반응이 진행된다. 고온고압이라는 것과 물 그 자체의 반응활성이 높아져 반응에 필요한 시간이 매우 짧고, 가스화율도 높고 찌꺼기가 발생하기 어려운 것 등의 이점을 가지고 있다. 한편, 매우 고활성인 반응을 위해 반응관이나 연료공급관의 재질을 슬러리 모양의 원료의 수송을 위한 펌프의 개발 및 열교환기의 개량이 과제가 되고 있다. 가스 생성물은 다른 가스화 프로세스와 같은 양상으로 수소, 메탄, 이산화탄소이다,

(3) 생물학적 변환

미생물이나 효소 등의 작용을 이용해서 바이오매스를 분해해서 기체연료나 액체연료, 비료를 생산하는 것이 가능하다. 생물학적 변환은 열화학적 변환에 비해 실용화가 진행되고 있고, 실시 예도 많다. 그 중 하나는 설탕이나 전분질을 **에탄올 발효**하는 것이다.

$$C_6H_{12}O_6 \rightarrow 2C_2H_5OH + 2CO_2 \qquad (6.2)$$

설탕이나 전분질의 에탄올 발효기술은 옛날부터 행해져서 성숙되고 있으며, 에탄올 증류과정의 에너지 절약화나 증류에 대신할 신규의 방법이 과제가 되고 있다. 일본에서도 신에너지·산업기술 종합개발기구에 있어서 폐당밀 등으로부터 공업용 에탄올을 생산하고 있다. 에탄올은 브라질이나 미국에서 가솔린을 대체하는 연료로서 이용되고 있지만, 최근 유럽이나 중국, 동남아시아에서도 에탄올 첨가 가솔린이 적극적으로 이용되고 있으며, 앞으로도 확대될 계획이다.

종래의 당질이나 전분질 원료를 이용하고 있으면, 앞으로 에탄올의 이용을 확대해 감에 따라 식료와의 경합이 일어날 가능성이 높아진다. 그 때문에 예를 들면 목재나 볏짚 등의 셀룰로오스계 원료를 당화하여 에탄올 발효

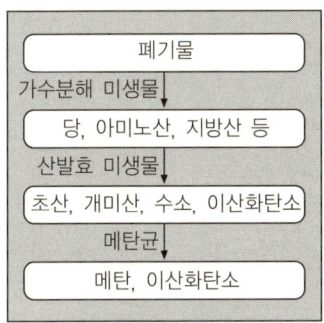

그림 6.6 메탄 발효의 개략

를 행하는 연구가 세계적으로 진행되고 있다. 셀룰로오스를 당화하는 기술과 함께 종래의 헥소오스만이 아닌 펜토오스도 좋은 효율로 발효하는 기술을 개발할 필요성이 있다.

　메탄 발효도 이미 많은 실시 예가 있는 기술이다. 일본에서도 구미로부터 기술도입으로 하수오니나 빌딩·공장 폐수, 식품폐기물의 처리·감용화에 이용되고 있다. 또한 2004년 11월에 「가축배설물의 관리의 적정화 및 이용의 촉진에 관한 법률」의 시행유예가 해제되어, 가축배설물의 처리에 종래의 퇴비화(콤포스트)와 함께 메탄 발효가 주목받고 있다. 메탄 발효는 다종다양한 혐기성 미생물이 공존하면서, 그림 6.6과 같은 반응을 행하여 최종적으로 메탄 발효균에 의해 메탄이 생성되는 반응이다. 종래의 "습식"메탄 발효 외에 함수율 80% 이하에서 반응을 행하는 "건식"메탄 발효가 있다. 건식 메탄 발효기술은 스위스의 콤포가스(Kompogas) 사에 의해 개발된 기술이다. 음식물 쓰레기나 종이, 초목류 등을 파쇄하고 수분조정을 해서 메탄 발효조에 보내 넣는다. 발효조는 압출 흐름 방식이며, 함수율이 습식에 비해 낮기 때문에 잔사액을 현저히 줄이는 것이 가능하다는 이점을 가지고 있다.

② 일본에서의 바이오매스 에너지의 이용

　일본에서는 지구환경문제의 대책으로서 신에너지의 이용촉진을 도모하기 위해 1997년에 「신에너지 이용 등의 촉진에 관한 특별조치법」(통칭 : 신에너지법)이 공포되었다. 이 신에너지법 중에서는 바이오매스라는 어구는 없고, 제지공장에서 나오는 흑액이나 폐재의 이용 등이 대상으로 되어 있다. 그러나 이산화탄소 저감의 대책으로서 바이오매스의 이용이 주목되게 되어, 2001년의 총합자원·에너지조사회의 장기 에너지 수급전망의 보고에서 바이오매스의 발전 열이용이 처음으로 포함되어 바이오매스의 이용촉진의 제언이 되었다.

이에 힘입어 2002년 1월에 바이오매스의 에너지 이용을 더한 신에너지법의 개정, 같은 해 12월 일본 6부성이 연대한 바이오매스의 이용촉진을 행하는 **바이오매스 일본 총합전략**의 각의결정, 2003년 4월부터 바이오매스를 포함한 신에너지의 일정비율의 이용·구입을 의무화한 「전기사업자에 의한 신에너지 등의 이용에 관한 특별조치법(RPS법)」이 시행되었다.

이와 같이 바이오매스를 둘러싼 환경은 변화하고, 현재 바이오매스의 이용에 큰 순풍이 불고 있다. 많은 자치단체에서 그 지역의 신에너지 비전을 책정하고 있으며 바이오매스가 하나의 큰 흐름이 되고 있다. 그러나 현재 상황에서는 바이오에너지 변환기술을 도입하고 싶어도 경제적인 면에서 단념하고 있는 경우가 매우 많다.

이것은 에너지의 변환기술이라기 보다 바이오매스의 수집·운반이나 변환 후의 처리, 최종사용자에서의 에너지 이용에 관한 것에 크게 기인하고 있으며 다른 재생가능 에너지의 이용과는 다른 과제이다.

바이오매스는 다른 재생가능 에너지와 같은 양상으로 발생지가 분산하여 있고 에너지 밀도가 작다는 결점을 가지고 있다. 그 때문에 바이오매스의 유효이용을 위해서는 바이오매스의 집약화가 필요해지며 수집·운반이 중요한 팩터가 된다. 예를 들면, 일본은 국토의 약 60% 이상이라는 광대한 삼림자원을 가지고 있지만, 지형이 험하기 때문에 삼림자원의 집중적인 이용이 곤란하다. 또한 수입재에 의해 국산재의 이용이 크게 저하하고 있다. 그 때문에 삼림정비가 늦어지고 간벌재나 임지잔재 등은 그대로 임지에 남아 이용되고 있지 않다.

목재의 반출을 용이하게 하는 숲길의 정비 등이나 급경사지에서도 벌채할

수 있는 선진적인 기계의 개발이나 도입이 필요하다.

한편, 폐기물계 바이오매스인 도시 쓰레기나 하수오니는 비교적 이용하기 쉬운 바이오매스 자원이다. 이들 수집 시스템은 이미 완비되어 있고 비교적 대량의 자원을 이용할 수 있다. 그 외의 폐기물계 바이오매스에 관해서 처리량을 증대하기 위해서는 바이오매스의 집약이 필요하지만 수송거리에 따라서 비용이 높아진다. 또한 냄새 등의 위생문제가 발생하기도 한다. 일본 에너지학회의 조사결과[2]에 의하면 바이오매스 발생량은 거의 바이오매스 종으로 수 t/d~수십 t/d 정도이다. 이 해결책으로서 소규모 고효율 에너지 변환기술의 개발이 요구된다.

바이오매스의 에너지 이용을 검토할 경우 에너지 변환부분만이 아닌 원료의 전처리, 예를 들면, 목재의 분쇄 등이나 메탄 발효 후의 찌꺼기나 배수처리라는 후처리를 포함한 토털 시스템을 생각하지 않으면 안 된다. 토털 시스템으로 보면 이와 같은 전처리나 후처리에 필요한 비용이 많은 부분을 점하고 있으므로, 이 주변기술들의 개발이 바이오에너지를 도입하기 위한 필요불가결한 요소이다.

❸ 바이오에너지의 해외전략

지금까지 일본에서의 바이오에너지 이용에 관해서 설명했다. 앞서 서술했던 것처럼 일본에서의 바이오매스 포텐셜은 4334만 kl(원유환산)로 추정되고 있으며 일본의 1차 에너지 공급량의 약 7%에 상당한다. 당연한 말이지만 이용 가능한 바이오매스량은 이것보다 적은 3279만 kl이다. 앞으로 더욱 바이오매스를 이용해가려면 분명히 일본의 바이오매스만으로는 부족하다. 그 때문에 해외의 바이오매스를 앞으로 얼마 만큼 이용 가능한지가 일본의 바이오에너지 이용 증대와 직결된다. 해외로 눈을 돌려보면 유럽에서는 러시아로부터 바이오에너지 이용을 위한 목재의 수입이나 목질 펠릿, 칩의 수출입이 행해지고 있다. 일본에서 해외 바이오매스를 이용하기 위해서는 바이오매스 자원이 풍부한 동남아시아 등과 연대를 이루어갈 필요가 있을 것이다.

　바이오매스 이용은 단순히 에너지 문제, 온난화 지구문제의 대책에 한하지 않는다. 바이오매스의 이용, 활용은 국토(삼림 등)의 보전이나 농림수산의 진흥, 경지의 유지, 신규산업의 육성 등과 같은 관점에서도 중요하다. 또한 바이오에너지의 도입에는 그 지역주민의 이해가 필요하다. 태양광 발전이나 태양열 이용, 풍력발전은 잘 알려져 있지만 바이오매스는 아직 생소하다. 또한 많은 바이오매스가 "폐기물"이며, 그 수송, 이용에 관해서는 매우 민감해진다. 순환형 사회를 형성해감에 있어서 바이오매스의 이용은 그 중심이 된다. 앞으로는 국민에의 바이오매스 이용에 관한 계발을 적극적으로 행하여 학교에서도 바이오매스 학습 등을 도입하여 바이오매스, 바이오에너지에의 이해를 깊게 해가는 대책을 세워 실천할 필요가 있다.

참고문헌

[引用]
（1）　(株)三菱総合研究所，経済産業省委託調査「平成 14 年度新エネルギー等導入促進基礎調査　バイオマスエネルギー開発・利用戦略に関する調査研究」，平成 14 年 12 月
（2）　(社)日本エネルギー学会，経済産業省委託調査「平成 13 年度新エネルギー等導入促進基礎調査　バイオマスエネルギー高効率転換技術に関する調査」，平成 13 年 8 月
[参考]
（3）　(社)日本エネルギー学会編：バイオマスハンドブック，オーム社（2002）

07

광기능 재료

환경개선이나 환경보전 혹은 빛으로부터 전력에의 고효율 에너지 변환과 저장 등 태양 에너지를 고도로 이용하는 기술에는 지금까지 없었던 물성을 가진 기능재료나 구조재료가 필요하게 된다. 구체적으로는 에너지 효율이 매우 높은 셀프 클리닝 재료나 열선반사재료, 혹은 새로운 태양전지의 구성재료와 같은 환경조화형의 신에너지, 에너지 절약에 이용되는 기능재료이다. 거기에는 재료조성, 구조, 표면계면 등을 고도로 제어하기 위해 고기능구조재료의 창출이나 프로세스 기술이 구사되고 있다.

본 장에서는 비교적 일상적으로 눈으로 확인할 수 있는 일이 많은 광기능재료로서 광접촉재료와 조광재료에 대해서 현재상황과 앞으로의 전망을 서술한다. 더욱이 나노 기술 등의 최신기술을 구사한 광기능재료 창제의 예로서 비실리콘형의 차세대 태양전지 개발을 소개한다.

7.1 광촉매

광촉매란 빛과 만났을 때 촉매작용, 즉 화학반응을 촉진하는 효과가 있는 물질이다. 1972년에 산화물 반도체인 산화티탄(TiO_2)의 전극에 백금대극을 조합한 광전기화학 셀에서 물의 자외광 분해(혼다-후지시마 효과)가 가능한 것이 발표되어 광촉매 재료는 주목을 받게 되었다[1](그림 7.1). 그 후 태양광 에너지로 물을 분해해서 수소자원을 생성하는 매력적인 테마로 세계 각국이 경쟁해서 연구를 행하여 여러 가지 형태의 자외광 응답성의 산화물 반도체가 나오게 되었다.

광촉매의 기능은 물의 광분해만이 아니다. 촉매표면에 접촉하는 여러 가지 물질을 빛으로 분해하는 것이 가능하다. 많은 유기물은 연소반응과 같은 양상으로 이산화탄소와 물로 분해(무기화)되어 질소산화물(NO_x)을 제거하는 것도 가능하다. 게다가 광촉매는 초친수성으로 물에 매우 친숙한 현상을 일으킨다. 이것에 의해 광촉매를 코팅한 재료의 표면에는 물방울이 붙지 않

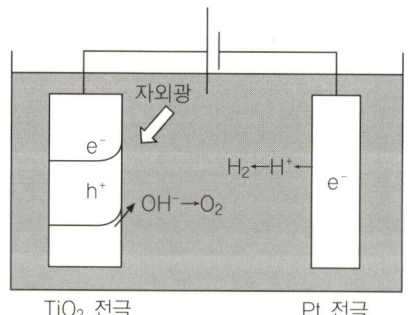

그림 7.1 TiO_2/Pt 광전기화학 셀에 의한 물의 광분해(혼다-후지시마 효과)

고, 흐리지 않은 유리나 거울을 만드는 것도 가능하다. 또한 기름·오물 등이 부착되어도 물이 아래로 가라앉아 흐르기 때문에 오물이 떨어지기 쉬운 성질(셀프 클리닝)을 갖는 것도 가능하다.

이와 같은 광촉매 기능을 살려서 항균, 방오타일, 공기청정기, 방담·방오 유리거울, 의료기기, 건축용 외장재, 도로자재 등 여러 가지 상품이 개발되어 큰 시장을 형성해가고 있다.

1 광촉매의 종류

산화티탄에는 결정계의 차이에 따라 루틸형, 아나타제형, 블루카이트형의 3종류가 있다. 주로 광촉매로서 이용되는 것은 루틸형과 아나타제형이며 각각의 밴드갭 에너지는 3.0eV(413nm)과 3.2eV(388nm)이다. 그러므로 산화티탄은 자외광이 아니면 광촉매 기능을 발휘할 수 없다. 일반적으로 광촉매 활성은 아나타제형 쪽이 높고, 산화티탄 입자를 매우 작게 해서 직경 100nm 이하의 나노 입자 모양으로 함으로써 광촉매 기능이 현저히 향상된다는 것이 알려져 있다.

혼다-후지시마효과가 발표된 이래, 산화티탄 이외에도 광촉매로서 이용 가능한 형태의 자외광 응답성 산화물 반도체가 발견되고 있다. 전형적인 산화물 화합물 반도체와 그 밴드 갭은 TaO_2(4.0eV), $NaTaO_3$(4.1eV), ZrO_2(5.0eV)이다. 응답하는 빛의 파장은 각각 310nm, 302nm, 248nm에 상당하고 어느 것도 TiO_2(400nm)보다 단파장이다.

2 광촉매 기능

광촉매 기능에 의해 물질의 분해는 다음과 같은 원리로 일어나는 것이라 생각된다. 산화티탄 입자에 자외광을 조사하면, 산화티탄이 여기되어 전자와 정공이 생긴다. 각각 입자표면으로 이동하여 전자는 환원반응, 정공은 산화반응을 일으킨다. 공기 중에서는 그림 7.2에 보이는 것처럼 환원반응에 의해 산소로부터 슈퍼옥사이드 음이온(O_2^-)이 생성되며 이것은 H_2O분자와 반응해서 과산화수소나 •OH(하이드록실 래디컬)을 발생시킨다. 한편, 산화

그림 7.2 아나타제형과 루틸형이
혼합된 산화티탄 분말

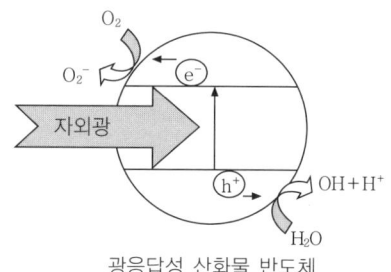

그림 7.3 광촉매 기능의 발현 원리

티탄 입자표면의 정공도 강한 산화력을 가지며 부근에 존재하는 H_2O입자에서 전자를 빼앗아 •OH가 발생된다. 이렇게 해서 발생한 •OH 등은 강력한 산화력을 가지는 활성화학종이기 때문에 가까운 오염물질(주로 유기물)에서 전자를 빼앗아 분자의 결합을 절단하고 이산화탄소와 물로 분해(무기화)한다(그림 7.3).

광촉매의 또 한 가지 기능이 초친수성이다. 초친수성의 발현기구는 아직 불분명한 점이 있지만, 대략 다음과 같은 점들이 짐작되고 있다. 원래 산화티탄 입자의 표면에는 친수성이 높은 OH(하이드록실)기가 존재하고 있지만, 그곳에는 소수성 유기물 등이 흡착하고 있다. 그러나 자외광 조사 하에서는 이들 유기물이 분해되므로 항상 OH기가 노출한 상태가 되어 물분자와의 친화성이 매우 높아진다. 이 상태에서 물분자를 흡착유지하기 때문에 결과적으로 초친수성이 되는 것이다(그림 7.4).

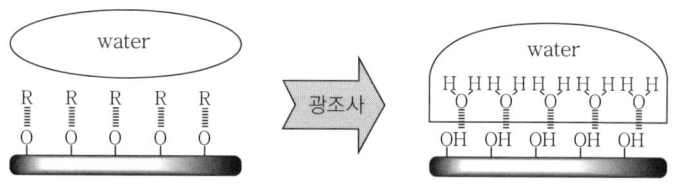

산화티탄 표면에 부착되어 있는 소수물질 (R)이 광분해되어
물분자(H-O-H)와의 친화성이 높아진다.

그림 7.4 초친수성의 기구

이와 같은 광촉매의 기능을 살려서 다음과 같은 제품이 많이 개발되고 있다.

① 오물의 분해(건물외벽재, 도로차음벽, 가드레일, 공장용 배기설비 등)
② 소취·탈취(공기청정기, 간호용품, 벽지, 커튼 등)
③ 방오(건물외벽, 램프 커버, 유리창 등)
④ 항균·살균(타일, 화장실, 주방용품 등)
⑤ 흐림방지(자동차용 유리, 펜더 미러, 화장대 거울, 도로반사경 등)

3 광촉매 재료의 현재 상황과 과제

(1) 가시광 응답화

지표에 닿는 자외광은 태양광 에너지의 3% 정도로 적은 양이고 태양광 에너지 전체의 약 50%는 가시광이다. 광촉매에 의한 태양광 에너지 이용의 효율을 높이기 위해서 효율이 좋은 가시광 응답성 광촉매의 개발이 진행되고 있다. 2005년까지 공개된 특허에서 살펴본 가시광 응답화의 대처는 TiO_2의 밴드 구조의 조정이나 이종반도체와의 헤테로 접합, 신규산화물의 탐색, 색소에 의한 증감 등이다.[2]

결정구조변화에 의한 가시광 응답화를 실증한 예로서 아보(安保) 교수진의 마그네트론 스퍼터링 법에 의한 연구가 있다.[3] 그들은 자장 중에서 Ti 및 O 원자를 기판상에 스퍼터할 때, 기판온도를 바꿔서 결정상태가 다른 TiO_2 박막을 제막하고, 박막의 광흡수 스펙트럼을 측정하면 기판온도가 높을수록 가시부(400nm 이상)의 흡수가 증대되었다(그림 7.5). XRD 회절 패턴으로는 고온에서 제작한 박막은 아나타제형보다 루틸형의 결정이 성장하고 있는 것을 알 수 있다.

이 성막방법으로는 기판에 대해서 수직방향으로 산화티탄의 기둥 모양 결정이 성장해서 다공질구조를 형성하기 때문에 광촉매 반응의 효율을 개선할 수 있다는 이점도 기대되고 있다. 다른 밴드갭을 작게 해서 장파장광을 흡수할 수 있도록 하는 수단으로서 광촉매에 어떤 종의 원소를 도핑하여 밴드갭 내에 도너 준위를 만드는 방법이다. 구도(工藤) 교수진은 알칼리류 금속의 스

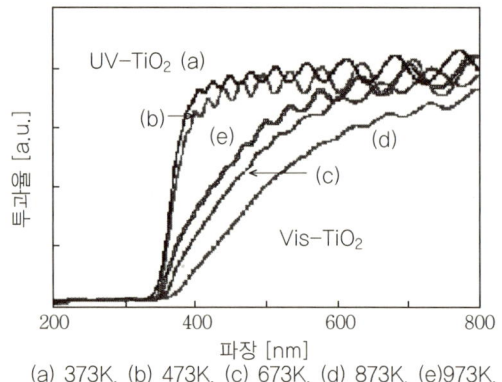

(a) 373K, (b) 473K, (c) 673K, (d) 873K, (e)973K.

그림 7.5 마그네트론 스퍼터링 법으로 제작한 TiO$_2$ 박막의 자외가시흡수 스펙트럼

트론튬을 포함한 산화티탄에 로듐을 도프한 (Pt/SrTiO$_3$: Rh)-(BiVO$_4$)계 촉매로 가시광조사에 의한 물의 완전분해에 성공하였다.[4] 이 촉매계의 양자수율은 0.4%(420nm)로 520nm까지의 가시광을 이용 가능하다는 것이 실증되고 있다.

신규산화물의 탐색에는 InTaO$_4$나 InNbO$_4$가 가시광 응답성 광촉매로서 이용 가능한 것을 아라카와(荒川) 교수진이 세계에서 최초로 발견하였다.[5] 그러나 이 촉매계는 변환효율이 낮기(0.03% 정도) 때문에 실용화를 위하여 흡수효율의 확대와 양자수율의 향상이라는 과제를 안고 있다.

색소증감에 의한 가시광 응답화는 쿠마린 등의 색소를 광촉매 표면에 담지시켜 긴 파장 영역의 광흡수를 가능하게 하는 방법이다. 색소증감형 광촉매의 특징은 조합시키는 색소에 의해 가시광을 폭넓게 흡수할 수 있다는 이점이 있는 한편으로, 색소가 산화열화하기 쉽다는 문제가 있다.[6]

(2) 광촉매 주변재료의 내구성

광촉매가 가지는 소취성·방오성·항균성 등을 살린 상품으로서 커튼, 벽지, 의료·간호용 의류 등이 개발되고 있다. 이와 같은 용도에는 TiO$_2$입자를 섬유나 플라스틱 등의 유기소재에 부착시켜서 이용하지만 광촉매의 작용에 의해 이들의 유기소재나 부착에 이용하는 바인더가 광분해되어, 내구성을

잃는다는 큰 과제가 있다. 이 과제를 해결하는 방법으로서 광촉매 표면을 다공질 실리카나 인회석 결정으로 피복하여 유기소재나 바인더에 직접 접촉하는 것을 막는 방법이 있다. 표면이 다공질화함으로써 소취효과가 높아지는 반면, 광촉매효과 자체는 저하되는 문제도 있다. 광촉매 효과와 내구성을 양립시키기 위해 다공질 알루미노 규산염의 세공 내에 산화티탄 입자를 담지시킨 복합재료 등이 개발되고 있다.[7] 또한 바인더 자체의 내산화성을 높여서 내구성의 저하를 억제하는 연구도 이루어지고 있다.

(3) 환경문제

나노기술뿐만 아니라 선진기술의 발전에는 이점을 포함하여 잠재적인 리스크를 고려하지 않으면 안 된다. 영국에서는 발빠르게 나노기술의 현재 상황과 장래의 영향에 대한 독자적인 조사를 실시하여 2004년 7월에는 조사보고서 「나노과학과 나노기술 : 기회와 불확실성」이 나왔다.[8] 그 중에 나노입자는 새로운 물질로서 적절하게 다룰 것을 권고하고 있다. 일본에서는 2005년 7월에 일본학술회의와 영국왕립협회의 공동 워크샵을 열었으며 나노입자의 생체영향을 포함해 나노기술의 사회적 영향에 관한 본격적인 조사가 시작되었다.

나노입자로서의 산화티탄의 생체영향에 대해서 신중히 조사가 진행되고 있다. 여기서는 대기부유입자상물질(SPM)의 관점에서 산화티탄을 조사한 예를 소개한다. SPM은 입경 $10\mu m$ 이하의 미립자로 최근 디젤 엔진의 배기 가스 중에 다량으로 포함된 입자(DEP)의 문제 등으로 주목되어 조사연구가 행해지고 있다. 노구치(野口) 교수진은 이바라키현 미즈카이도시 내에서 입경 0.4μ m 이하의 입자(PM 0.4)를 포촉해서 TEM관찰을 행하여 실험상황 정도로 많지는 않지만 산화티탄의 미립자를 실제로 발견하여 그것들의 결정상태는 약 50%가 아나타제형, 약 25%가 루틸형, 나머지 25%가 블루카이트형임을 밝혀냈다.[9] 산화티탄의 결정은 루틸형이 가장 안정한 것으로 생각하여 이들의 산화티탄 SPM은 과촉매 코팅의 기원이 될 가능성을 지적하고 있다. 앞으로 광촉매의 보급과 경년열화에 따라서 산화티탄의 SPM의 양이 급격하게 증대할지도 모르며, 마테리얼 기술에는 책임있는 개발이 요구되고 있다.

7.2 조광재료

1 조광유리

창의 목적은 빛이 들어오도록 하는데 있지만, 보통 유리창은 가시광 이외에 열도 투과하여 건물의 단열성을 해치는 요인이 되고 있다. 예를 들면, 전형적인 주택을 가정해서 열의 출입에 관한 시뮬레이션을 행해보니 겨울의 난방 시에 도망가는 열의 절반 가까이는 창을 통해서 나가며 여름의 냉방 시에 밖에서 침입하는 열의 약 7할은 창을 통해서 들어온다는 결과가 나왔다. 그러므로 창의 단열성을 높이는 것만으로도 큰 에너지 절약 효과가 있고, 최근에는 단열성이 높은 복층유리나 Low-e유리의 보급이 진행되고 있다. 더운 여름 일본에서는 단열과 함께 외부에서의 햇빛을 효과적으로 차단해야만 더욱 에너지 절약 효과를 높일 수 있다. 이와 같은 목적으로 빛이나 열의 출입을 조절하는 유리가 **조광유리**이며, 조광유리는 광학적 성질을 가역적으로 가변할 수 있는 박막재료(크로모제닉 재료)를 유리에 코팅하는 것으로 실현할 수 있다.

표 7.1 조광유리(크로모제닉 재료)의 종류

일렉트로크로믹	전압의 인가나 전류의 주입에 의해 가시·근적외에서 투과율이 가역적으로 변화한다.
서모크로믹	주위의 온도에 의해 적외영역에서 반사율이 가역적으로 변화한다.
서모트로픽	온도에 의해 겔의 응집상태가 변화하여 투명해지거나 뿌옇게 된다.
가스크로믹	수소를 포함한 분위기에 접하거나 산소를 포함한 분위기에 접하는 것에 의해 투과율이 변화한다.
포토크로믹	자외광을 쬐면 투과율이 변화한다.

크로모제닉 재료란 생리적 자극에 의해 그 광학적 성질이 가변적으로 변화하는 재료를 목표로 물리적 자극이나 조광의 메커니즘의 종류에 의해 여러 가지 형태의 것이 있다. 표 7.1은 그 대표적인 것들이다. 그 중 포토크로믹 재료는 안경 등에 잘 이용되고 있지만, 유리창과 같은 에너지 제어에는 적절하지 않다. 또한 크로모제닉 재료는 무기계의 재료와 유기계의 재료로 대별되지만, 태양광의 조사에 노출되는 창문용의 조광유리로서는 무기계 재료 쪽이 적절하며 이것을 이용한 조광유리의 연구가 진행되고 있다. 본 절에서는 대표적인 조광유리에 대해서 서술한다.

② 일렉트로크로믹 유리

일렉트로크로믹 유리는 전압의 인가 혹은 전류를 흐르게 함으로 인해 그 투과율이 가변할 수 있는 조광유리로서 가장 조절성이 우수하다. 그림 7.6은 일렉트로크로믹 유리의 기본적인 구조이다. 조광을 행해는 일렉트로크로믹 유리층, 거기에 이온을 공급하는 전해질층 및 이온 저장층을 투명진극의 사이에 넣어두는 구조를 가지고 있다.

전해질 중의 프로톤 혹은 리튬 이온을 일렉트로믹층에 출입시킴으로써 조광을 행한다. 일렉트로크로믹의 성질을 나타내는 재료는 천이금속의 산화물을 중심으로 여러 가지 재료가 알려져 있지만, 현재 실용적으로 이용되고 있는 것은 조광층으로서 산화텅스텐(WO_3) 박막을 이용한 것이 대부분이다. 산화텅스텐 박막은 투명하지만, 음(−)의 전압을 가하면 막중에 프로톤 혹

유리
투명도전막
이온 저장층
전해질층
일렉트로크로믹 층
투명도전막
유리

그림 7.6 일렉트로크로믹 유리의 구조

착색상태 　　 투명상태

그림 7.7 일렉트로크로믹 창

은 리튬 이온과 전자가 이중주입되어 텅스텐 브론즈를 형성하여 짙은 청색으로 착색한다. 또한 양(+)의 전압을 인가함으로써 이온이 배출되어 투명한 상태로 돌아간다.

그림 7.7은 실제의 일렉트로크로믹 유리창의 사진이다. 이와 같은 조광작용을 가진 유리창을 건물에 사용함으로써 건물 내부의 냉방부하나 조명부하를 가능한 한 적게 하도록 자동적으로 조절하는 것이 가능하게 되어, 큰 에너지 절약 효과를 얻게 된다.

전해질층으로서는 산화탄탈이나 산화지르코늄과 같은 고체박막형이나 리튬 이온을 분산시킨 고분자 재료 등 여러 가지가 검토되고 있다. 또한 그 위의 이온 저장층은 대향전극재료라고도 부르며 반복에 대한 내구성을 보증하기 위해 설치된 것으로 양(+)의 전압을 가한 때에 착색하는 산화이리듐이나 산화니켈과 같은 재료가 대표적인 것이다. 여러 가지 무기물 일렉트로크로믹 재료에 대해서는 상세한 핸드북이 나와 있다.[10]

일렉트로크로믹 유리는 다른 조광유리에 비해 연구의 역사가 길고 일부 상품화도 되어 이것을 선루프로서 탑재한 자동차도 시판되고 있다. 단, 박막구조가 복잡하기 때문에 아무래도 비용이 높아지는 결점이 있고, 얼마나 저비용화를 도모하느냐가 최대의 과제이다.

3 서모크로믹 유리

서모크로믹 재료란 주위의 온도에 의해 그 광학적 성질이 가역적으로 변화하는 재료를 말하며, 이와 같은 성질을 가진 박막을 코팅한 유리가 서모크로믹 유리이다. 그림 7.8에 보인 것처럼 이와 같은 재료를 건물의 창문으로 이용하면 겨울에는 태양광의 열선성분을 투과하고, 여름에는 열선을 반사한다는 변화가 자동적으로 일어나며 난방부하 및 냉방부하를 저감시킬 수 있다. 일렉트로크로믹 유리처럼 자유롭게 조절을 행하는 것은 불가능하지만 막의 구조가 간단해 조절계도 필요없다는 이점이 있다.

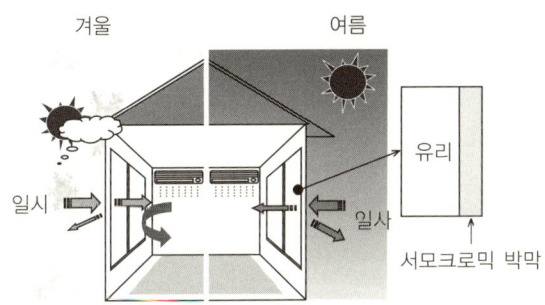

그림 7.8 서모크로믹 유리의 작용

무기물 재료 중온실부근에서 이와 같은 변화를 보이는 재료는 지극히 한정되어 있고, 산화바나듐(VO_2)계의 재료가 대표적인 것이다. 산화바나듐의 전이온도는 68℃이지만 이것에 텅스텐이나 몰리브덴을 도포하는 것으로 전이온도를 자유롭게 조절할 수 있으며 조광유리로서 적절한 전이온도인 20℃ 부근으로 설정할 수 있다. 그림 7.9에 가느다란 실선 및 파선으로 나타낸 것이 스퍼터법으로 제작한 VO_2 박막의 투과스펙트럼의 변화로 온도가 낮을 때는 반도체 상태에서 적외광을 투과하는 것에 비해 온도가 높아지면 금속상태로 전이하고 적외광을 반사한다.[11] 그러나 이 스펙트럼에서도 알 수 있듯이 산화바나듐 박막의 가시광 영역에서의 투과율은 낮게 황색으로 착색되어 있기 때문에 이것이 실용화를 방해하는 큰 요인으로 되고 있다. 최근 이 산화바나듐층을 산화텅스텐층으로 샌드위치 구조를 취하여 가시광

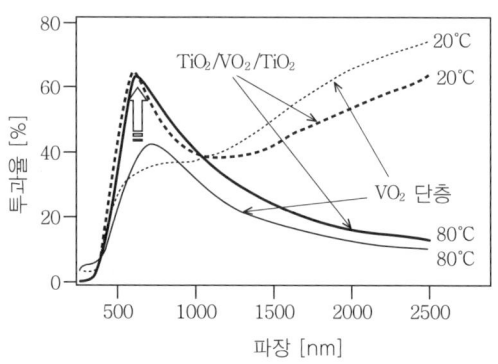

그림 7.9 산화바나듐 박막의 투과 스펙트럼 변화

영역의 투과율을 대폭으로 향상하는 기술이 개발되어(그림 7.9의 굵은 선),
실용화를 향한 큰 브레이크 스루가 되었다.[12]

4 서모트로픽 유리

서모트로픽 유리란 서모트로픽 재료와 같은 양상으로 주위의 온도에 의해
빛의 투과율이 자동적으로 변화하는 재료이지만 2매의 유리 사이에 봉입한
겔의 빛 산란상태의 변화를 이용하는 점이 다르다.

이것은 일본의 벤처 기업에서 개발된 유리에서 어느 전이온도(이 온도는
제작시에 설정할 수 있다) 이하에서는 무색투명한 데에 비해 전이온도 이상
이 되면 백탁한 상태가 되어 빛을 차단한다. 그림 7.10은 실제의 건물에 사
용된 서모트로픽 유리의 사진이다.[13] 이 유리에는 하이드로겔이라 부르는
고분자 재료가 봉입되어 있고 전이온도 이하에서는 이것이 한결같이 분산하
고 있는 데에 비해 온도가 높아지면 응집해서 빛을 산란하게 되어 백탁한
다. 이것과 유사한 재료로 액정을 이용한 **순간조광유리**가 있는데 이것은 백
탁상태가 된 때 빛이 산란되어 저편이 보이지 않지만 토털 에너지로서는 투
과하고 있는 것에 대해서 백탁조광유리는 에너지의 투과량을 조절할 수 있
다는 점이 다르다.

내구성 등에 대해서도 연구가 진행되어 이미 몇몇 건물에서 사용되고 있

그림 7.10 서모트로픽 유리

으며 세계적으로도 건물에서 실제로 이용되고 있는 조광유리로서 귀중한 존재이다.

5 가스크로믹 유리

가스크로믹 유리(가소크로믹 유리라 부르는 경우도 있다)는 주위의 분위기 가스를 바꿈으로써 조광을 행하는 유리이다.[14] 그림 7.11은 가스크로믹 유리의 구조이다. 조광층으로서는 일렉트로크로믹 유리와 같이 산화텅스텐이 이용된다.

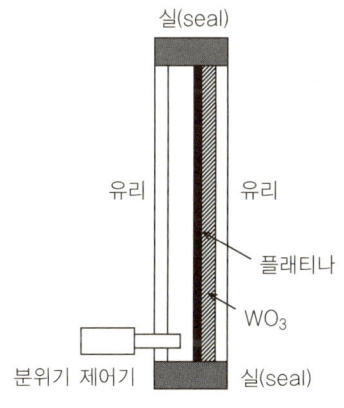

그림 7.11 가스크로믹 유리의 구조

2매의 유리 사이의 공간에 수소를 포함한 분위기를 도입하면 촉매층(통상 플라티나가 이용된다)의 작용으로 수소가 원자 모양으로 분해되어 산화텅스텐 박막 안에서 확산하여 일렉트로크로믹의 경우와 같은 양상으로 텅스텐브론즈를 형성해서 짙은 청색으로 바뀐다. 수소를 포함하지 않고 산소가 포함된 분위기를 도입하면 산화텅스텐 박막 안에 넣은 수소가 산소와 반응해서 물이 형성되어 나오고, 원래의 투명한 산화텅스텐 상태로 돌아온다. 이와 같이 가스크로믹 유리에서는 수소와 산소를 포함한 분위기를 이용하지만 이것은 물을 분해함으로써 쉽게 얻을 수 있다.

제어성이라는 측면에서는 일렉트로크로믹 유리 쪽이 앞서지만 가스크로믹 유리에서는 그 박막 구조가 단순하다는 장점이 있고 비용을 많이 줄일 수 있는 가능성이 있다. 가스크로믹 유리의 연구는 독일에서 진행되고 있으며 실용화 단계 직전에 있다.

⑥ 조광거울 유리

②의 일렉트로크로믹 유리 및 ⑤의 가스크로믹 유리는 둘 다 태양광을 박막부분에서 흡수함으로써 조광을 한다. 그 때문에 태양광의 조사가 강하면 박막부분의 온도가 올라가고 그것이 실내에 재방사된다. 이것을 피하기 위해서는 흡수가 아닌 반사로 조절하는 것이 바람직하지만 그와 같은 재료는 오랫동안 발견되지 않았다. 그것이 1996년에 네덜란드의 그룹에 의해 이트륨이나 란탄 등의 희토류 금속박막이 이와 같은 반사형의 크로믹 특성을 가지는 것이 발견되어 **조광거울**(Switchable Mirror)이라 불리며 일약 주목 받게 되었다.[15]

얇은 팔라듐을 코팅한 희토류 금속박막은 수소분위기에 노출되는 것으로 수소화하여 투명해지며 산소분위기에 노출되는 것으로 원래의 금속상태로 복귀하여 거울 상태로 된다. 그 후, 마그네슘과 희토류 금속의 합금, 마그네슘과 천이금속의 합금으로도 이와 같은 성질을 가지는 것이 있는 경우가 발견되었다. 그 중에서도 대형 유리에의 응용을 생각한 경우 마그네슘·니켈합금을 이용하는 **조광거울재료**는 유망하며,[16] 광학적인 성능이 우수한 것도

(a) 금속 (거울) 상태   (b) 수소화 (투명) 상태

그림 7.12 마그네슘·니켈계 조광거울

얻어지고 있다.[17] 그림 7.12에 보였듯이 조광거울을 이용하면 유리를 투명한 상태와 거울의 상태, 혹은 그 중간 상태로 자유롭게 조절할 수 있다.

이 재료를 이용해서 조광을 하려면 일렉트로크로믹법에 의해 전기적으로 하는 방법과 가스크로믹적으로 수소·산소 가스를 이용하는 방법 2종류가 있다. 또한 연구의 역사가 짧고 내구성 등의 과제가 있지만 실용화된다면 지금까지 없었던 획기적인 성능을 가진 조광유리(특히 자동차용 유리)로서 기대되는 재료이다.

7.3 차세대형 박막 태양전지

1 색소증감형 태양전지

색소증감형 태양전지는 박막 태양전지의 하나이다. 이산화티탄과 그것에 흡착한 색소가 태양의 빛을 흡수하여 색소의 전자를 산화티탄으로 이동시킨다. 산화티탄 내를 확산한 전자는 전극(ITO 등)에서 외부회로를 흐르게 되어 대극(Pt 등)에 도달한다. 대극에서는 전해용액의 요오드 이온이 전자를 받아들여서($I_3^- \rightarrow I^-$) 재차 색소에 전자를 돌려놓는다. 이 산화환원과정의 조합에 의해 빛에너지를 전기 에너지로 변환한다(그림 7.13). 색소증감형 태양전지의 실용화를 위해서는 변환효율의 향상, 내구성의 개선, 전해질의 고체화 등이 요구되고 있다.

(1) 고효율화

태양전지의 변환효율은 다음 식으로 구할 수 있다.

$$\eta = J_{SC} \cdot V_{OC} \cdot FF$$

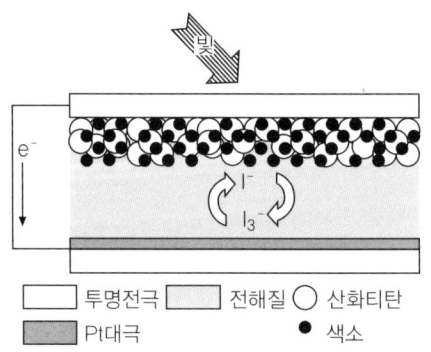

	투명전극		전해질	○ 산화티탄
	Pt대극			● 색소

그림 7.13 색소증감형 태양전지의 구조와 원리

단, J_{SC} : 단락전류, V_{OC} : 개방전압, FF : 필 팩터이다.

색소증감형 태양전지의 J_{SC}를 증대시키려면

① 색소가 흡수하는 광파장

② 산화티탄 내의 전자확산

③ 전해질 중의 이온확산

④ 대극에서 요오드 이온으로의 전자이동

등을 향상시킬 필요가 있다. 이 중, 색소에 관해서는 블랙 다이[18]라고 부르는 우수한 장파장흡수 타입의 유기금속형 색소 등이 개발되어 있지만, 중심금속에 루테늄(Ru)이라는 귀금속을 이용함으로써 저렴한 가격으로 자원적 제약이 없는 대체색소의 개발이 요구되고 있다. 최근 아쿠타가와(荒川) 교수진은 쿠마린계의 순유기색소를 이용한 색소증감형 태양전지를 최적화하여 Ru계 색소에도 필적하는 변환효율 8.3%를 달성하고 있다.[19] 색소증감형 태양전지에서 이용되는 산화티탄은 미세공을 가진 나노폴라스입자이지만 전자확산을 방해하는 요인의 하나가 입자표면에 국소적으로 있는 트랩사이트이다. 산화티탄 입자표면의 가공 등에 의해 트랩사이트를 저감시키는 방법이 보고되고 있다.

한편 액체선해질 내에서 이온의 확산을 향상시키기 위해서는 전해질을 저점도화하는 것이 유효하지만, 취급의 어려움을 동반하기 때문에 본격적인 개선책으로는 되어 있지 않다. 또한 대극과 요오드간의 전자이동은 도전성 고분자나 카본계의 전극재를 이용하는 개선이 시도되고 있다.

V_{OC}의 최대값은 산화티탄의 페르미 레벨과 요오드의 산화환원전위에서 이론적으로 결정된다. 실제의 값은 전해질에의 첨가제 등으로 변화하는 것이 보고되고 있다.[20]

(2) 고체화

태양전지로서 실용성을 생각하면 액체전해질의 사용은 안전성이나 내구성에 문제가 생기기 쉽다. 그래서 색소증감형 태양전지를 고체화하려는 시도가 이루어지고 있다. 카네코(金子) 교수진은 식물섬유의 일종인 아가로스 등의 다당류를 이용해서 요오드 레독스계의 고체전해질을 제작하여 광전

변환효율 약 6%의 색소증감형 태양전지를 시험 제작하였다.[21] 이 외에도 이온액체 겔 전해질을 이용한 고체화의 연구가 행해지고 있다.[22]

2 플라스틱 태양전지

색소증감형보다도 더욱 저비용으로 부설이 용이한 태양전지로서 기대되며 개발이 진행되고 있는 차세대 태양전지가 도전성고분자를 이용한 벌크헤테로접합형의 플라스틱 태양전지(그림 7.14)이다. 최근 전자의 억셉터 및 캐리어층에 C_{60} 등의 풀레린류를 이용하는 것으로 광전변환효율이 비약적으로 향상하여 2004년에는 5%의 보고가 나오기에 이르렀다.[23] 플라스틱 태양전지의 이점은 도전성 고분자나 풀레린류 등 액티브층의 구성성분이 용매에 가용하기 때문에 스핀코트나 스크린 인쇄 등 고진공을 사용하지 않는 저렴한 프로세스로 제조할 수 있는 데에 있다. 그러나 변환효율은 아직 낮고 안정성 등 개선해야 할 점이 많다.

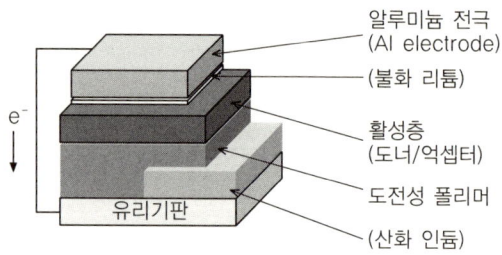

그림 7.14 벌크헤테로 접합형 플라스틱 태양전지의 구성

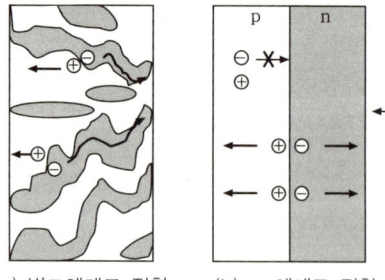

(a) 벌크헤테로 접합   (b) pn헤테로 접합

그림 7.15 벌크헤테로 접합과 pn헤테로 접합의 원리도

벌크헤테로 접합에 의한 광전변환의 원리는 그림 7.15의 원리도는 pn헤테로접합형 모듈이다. 벌크헤테로 접합으로는 반도체가 서로 틈새에 침투(penetration)한 것과 같은 구조를 가지기 때문에 pn접합면이 증대하여 계면에서의 광전하분리의 효율이 높아지고 있다. 일반적인 플라스틱 태양전지는 p형 반도체로서 도전성 고분자, n형 반도체로서 풀레린 유도체(그림 7.16)를 이용한다. 이 경우, 태양광과 같은 가시광의 조사 하에서는 밴드 갭이 작은 도전성 고분자가 여기해서 정공을 생기게 함과 동시에, 풀레린에 전자를 주입한다. 정공과 전자는 각각의 p형과 n형의 반도체 벌크 내를 확산해서 전극에 당도하여, 전류를 발생시킨다. 그러므로 플라스틱 태양전지에 이용하는 도전성 고분자는

① 태양광 스펙트럼에 매치한 흡수 스펙트럼을 가질 것
② 높은 캐리어 이동도를 가질 것
③ 높은 안전성

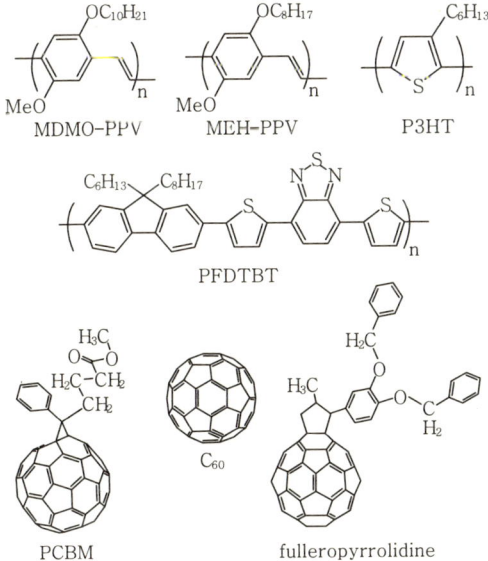

그림 7.16 플라스틱 태양전지에서 사용되는 도전성 소분자 도너와
풀레린계 억셉터

등의 성능이 요구된다. 한편 억셉터에 요구되는 성능은

① 용해성이 높을 것

② LUMO의 에너지 준위가 도너 고분자의 HOMO, LUMO 준위에 대해서 적절할 것

등을 들 수 있다. 지금은 안정성이 우수한 풀레린류를 억셉터로 이용한 계가 많이 보고되고 있지만, 변환효율을 실용 레벨로 밀어올리기 위해서는 도너, 억셉터가 함께 재료면에서 기술적인 브레이크스루를 할 필요가 있다. 플라스틱 태양전지의 경우 도너 고분자 중에서 억셉터의 분산상태(모르폴로지)가 J_{sc}에 영향을 주어 도너의 HOMO와 억셉터의 LUMO와의 에너지 준위의 차가 V_{oc}에 크게 관계된다.

필자들은 풀레린의 위치선택적인 다관능화에 의한 억셉터의 모르폴로지와 전자수용능제어의 유용성을 제창하고 있다.[24] 이 외에도 n형 도전성 고분자를 억셉터에 이용하는 방법 등이 보고되고 있다.[25]

참고문헌

(1)   K. Honda, A. Fujishima, Nature, 238, p. 37~38 (1972)

(2)   米原祥友：太陽エネルギー，31 (5) (2005) 7

(3)   松岡雅也，竹内雅人，安保正一：太陽エネルギー，31 (5) (2005) 17

(4)   工藤昭彦，加藤英樹，辻一誠：太陽エネルギー，31 (5) (2005) 33. H. Kato, M. Hori, R. Konta, Y. Shimodaira, A. Kudo, Chem. Lett., 33, 1216 (2004)

(5)   Z. Zou, J. Ye, K. Sayama, H. Arakawa, Nature, 414, 625 (2001)

(6)   荒川裕則：太陽エネルギー，31 (5) (2005) 29

(7)   二階堂雅則，古屋幸子，角井寿雄：太陽エネルギー，31 (5) (2005) 7

(8)   Nanoscience and nanotechnology: opportunities and uncertainties, The Royal Society & The Royal Academy of Engineering, 29 July 2004

(9)   野口高明，井村久則：太陽エネルギー，31 (5) (2005) 23

(10)   C. G. Granqvist: Handbook of Inorganic Electrochromic Materials, Elsevier (1995)

(11)   C. G. Granqvist: Materials Science for Solar Energy Conversion Systems, Pergamon (1991)

(12)   P. Jin, G. Xu, M. Tazawa, and K. Yoshimura, Applied Physics A. 77 (2002) 455

(13)   渡辺晴男：太陽エネルギー，27 (2001) 14

(14)   V. Wittwer, M. Datz, J. Ell, A. Georg*, W. Graf, G. Walze, Solar Energy Mater. & Solar Cells, 84 (2004) 305

(15)   N. Huiberts, R. Griessen, J. H. Rector, R. J. Wijngaarden, J. P. Dekker, D. G. de Groot, and N. J. Koeman, Nature, 380, (1996) 231

(16)   J. Richardson, J. L. Slack, R. D. Armitage, R. Kostecki, B. Farangis, and M. D. Rubin, Appl. Phys. Lett. 78, (2001) 3047

(17)   K. Yoshimura, Y. Yamada and M. Okada, Appl. Phys. Lett. 81, (2002) 4709

(18)   Md. K. Nazeeruddin, P. Pechy, T. Renouard, S. M. Zakeeruddin, R. Humphry-Baker, P. Compt, P. Liska, L. Cevey, E. Costa, V. Shklover, L. Spicia, G. B. Deacon, C. A. Bignozzi, M. Graetzel: J. Am. Chem. Soc., 123, 1613 (2001)

(19)　荒川裕則：太陽エネルギー，31 (1) (2005) 11

(20)　T. S. Kang, K. H. Chun, J. S. Hong, S. H. Moon, K. J. Kim, J. Electrochem. Soc., 147, 304 (2000)

(21)　H. Ueno, M. Kaneko, J. Electroanal. Chem., 568, 87 (2004)

(22)　早瀬修二：高分子，54, (2005), 878

(23)　Pavel Schilinsky, C. Waldauf, C. J. Brabec, Printed plastic solar cells@5%, 204 SCELL, Badajoz, Spain

(24)　田島右副：太陽エネルギー，30 (1) (2004), 17

(25)　M. Granstrom, K. Petritsch, A. C. Arias, A. Lux, M. R. Andersson, Nature, 395, (1998), 257

08

풍력 에너지

태양에서 지구로 입사하는 에너지는 대기와 지표를 따뜻하게 하고 증발과 강우에 의해 물의 순환을 생기게 해서 지구상에서 생활하는 모든 동식물의 생명의 원천이 된다. 이들 과정에서 생겨나는 크고 작은 여러 가지 대기의 순환이 바람이다. 우리 인류는 태양 에너지를 태양광·태양열의 형태로 직접 이용하는 것이 아닌 풍력 그 외의 형태로 간접적으로 이용하는 것이 가능하다.

이 장에서는 지구상에 존재하는 풍력자원과 그 특성, 풍력자원에서 에너지를 뽑아내는 구조, 그리고 풍력 에너지 이용의 현재 상황에 대해서 그 개요를 보이는 것으로 한다.

8.1 풍력 에너지 자원

1 바람의 발생

지구상에는 우리가 생활하는 십수 km의 엷은 대기의 층(대류권)이 존재한다. 태양으로부터의 에너지에 의해 지구표면이 가열되면 이에 따라 대기층도 따뜻해지지만 지표근방과 상공, 적도와 남북극, 육지와 해면 등, 크고 작은 여러 가지의 스케일로 온도차가 생긴다. 이 온도차에 의해 일어난 대기의 순환이 "바람"이다.

2 여러 가지 바람

(1) 지구규모의 바람

적도와 남북극의 온도차에 의해 적도근방의 따뜻한 공기는 상승하여, 상공대기중을 양극으로 이동한다. 한편 양극의 차가운 공기는 지표를 따라 적도부근으로 이동하고 따뜻한 공기와 바뀐다. 이것에 지구의 회전의 방향력이나 대륙과 해양의 영향도 더하여 대기의 대순환이 형성되는 것으로 된다. 그림 8.1에 보인 것처럼 이 지규규모의 바람 중 적도부근의 저위도대에서 부는 것을 **무역풍**, 중위도대에서 부는 것을 **편서풍**, 고위도대에서 부는 것을 **극동풍**이라 한다.

(2) 저기압·고기압에 의한 바람

태양에 의해 해면이 데워지면 수증기의 증발에 의해 상승기류가 발생한다. 이 부근에서는 공기의 밀도가 낮아지고, 기압이 저하한다. 주위보다 기압이 낮은 곳을 **저기압**, 높은 곳을 **고기압**이라 한다. 저기압이나 고기압에 의한 바람은 저기압·고기압의 크기나 위치관계에 의해 풍속이나 풍향이 변

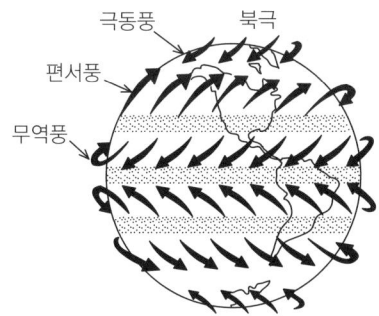

그림 8.1 지구규모의 바람

화한다. 일반적으로 기압차가 큰 장소일수록 바람이 강하며 북반구에서는 저기압의 바람은 반시계방향으로 중심에 불어들어오며, 고기압의 바람은 시계방향으로 중심에서 불어나간다. 열대의 해역에서 발생하는 저기압을 **열대저기압**이라 한다.

득히 태평양이나 남중국해에서 발생하는 최내풍속 17.2m/s 이상의 열내저기압을 **태풍**이라 부르고 있다. 허리케인(미국), 사이클론(인도)도 열대저기압의 일종이다.

(3) 해륙풍·산곡풍

해안지역에서는 바다와 육지의 온도차에 의해 기압차가 생긴다. 낮 동안에는 일사에 의해 데워진 육지 쪽이 바다보다 온도가 높고 저압이며, 바다에서 육지를 향해서 **해풍**이 분다. 밤에는 육지쪽이 차가워져 고압이 되어 육지에서 바다로 **육풍**이 분다. 풍향이 역전하는 아침·저녁에는 풍속이 약해져 파도가 잔잔해진다. 이것을 **해륙풍**이라 한다.

한편 내륙부에서도 산과 계곡의 온도차에 의해 기압차가 생긴다. 낮 동안에는 산의 사면이나 정상이 더워져 저압이 되며 계곡에서 산으로 **곡풍**이 분다. 야간에는 산 쪽이 냉해서 고압이 되며 산에서 계곡으로 **산풍**이 분다. 이것을 **산곡풍**이라 한다.

(4) 계절풍

바람이 부는 방향은 계절에 의해서도 달라진다. 여름에는 대륙 쪽이 따뜻해지기 쉬워 저압이 되며 해양에서 대륙으로 바람이 불고, 겨울에는 반대로 해양이 저압이 되어 대륙에서 해양으로 바람이 분다. 이것을 **계절풍**이라 한다. 일본에서는 여름의 태평양에서 오는 남동풍, 겨울의 대륙으로부터 오는 북서풍이 계절풍에 해당한다.

③ 바람의 성질

(1) 풍속의 고도분포

바람은 지표의 마찰의 영향을 받기 때문에 풍속은 지표에 가까워짐에 따라 저하한다. 그림 8.2에 보이듯이 지표의 마찰의 영향이 미치는 고도 1000m 정도까지의 범위를 **대기경계층**이라 한다. 이 중 지표에서 고도 100m 정도까지를 **지표경계층**이라 하며, 고도 100~1000m를 **상부마찰층**이라 부르고 있다. 지표경계층에서는 지표마찰의 효과가 크고, 지구의 자전에 의한 전향력은 무시할 수 있다. 상부마찰층에서는 지표마찰과 전향력의 효과는 같은 정도이다. 풍차가 대상으로 하는 지표경계층에서 풍속의 고도분포에 대해서는 경험칙으로서 아래 지수법칙이 성립되는 것으로 알려져 있다.

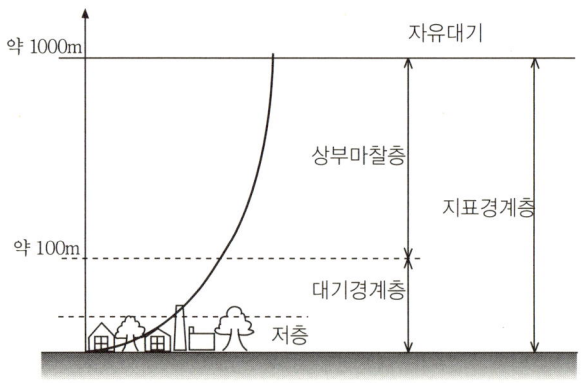

그림 8.2 대기의 구조

표 8.1 거듭제곱 지수 n의 예

지표상태	n	$1/n$
평탄한 지형의 초원	7~10	0.10~0.14
해안지방	7~10	0.10~0.14
전원	4~6	0.17~0.25
시가지	2~4	0.25~0.50

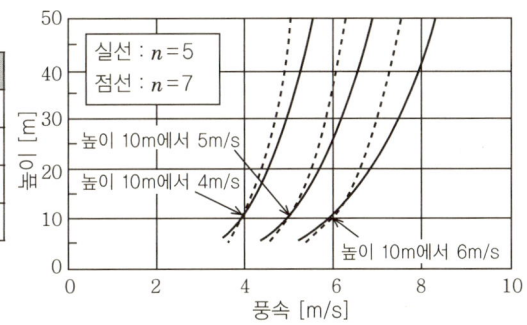

그림 8.3 풍속의 고도분포

$$v = v_1 \left(\frac{z}{z_1}\right)^{1/n}$$

단, v : 지상높이 z에서의 풍속, v_1 : 지상높이 z_1에서의 풍속, n : 지수법칙의 거듭제곱 지수이다.

거듭제곱 지수 n의 값은 지표의 조도(식생건물 등)가 클수록 작아진다. 이것은 조도가 클수록 지표 가까이에서의 풍속저하율이 크다는 것을 나타낸다. 표 8.1에 거듭제곱 지수의 예를, 그림 8.3에 풍속의 고도분포의 예를 보였다.

(2) 풍속의 시간변화

자연풍을 관측하면 그 풍속은 끊임없이 변동하고 있음을 알 수 있다. 변동주기에 대한 스펙트럼으로 이것을 정리하면 주기 1~2분, 주기 12~15시간(해륙풍·산곡풍에 의한 일변화) 및 주기 4~5일(저기압·고기압의 통과)의 변동 에너지가 압도적으로 큼을 알 수 있다. 즉, 풍차는 1~2분마다 큰 풍력에너지의 변화를 받는 것으로 된다.

풍속의 일변화로서는 하루 중에 크게 되는 예를 들 수 있다. 이것은 하루 중에 지표 부근의 공기가 따뜻해져서 상공의 공기와 섞여지고 대기가 불안정해지기 때문이다. 풍속의 계절변화로서는 일본에서는 동계의 강한 계절풍에 의해 겨울이 더 큰 경향이 있다. 풍속은 해마다 기상변화나 기후변동에 의해 경년으로도 변화한다.

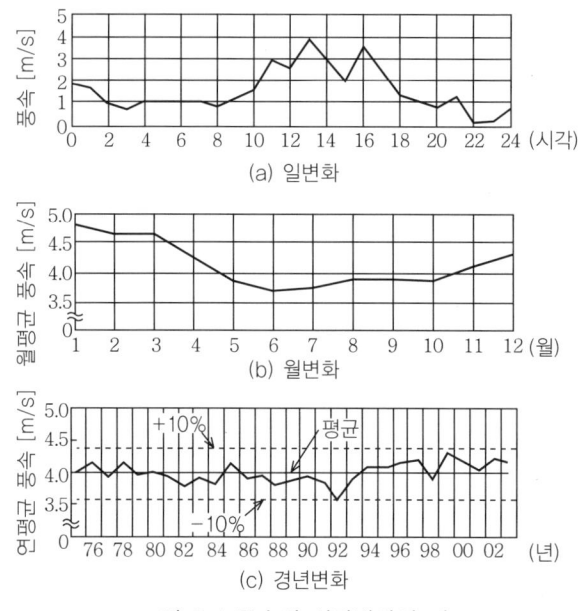

그림 8.4 풍속의 시간변화의 예

일반적으로 경년변화는 평년치(30년간의 평균치)의 ±10%의 범위 내에 있다. 그림 8.4는 풍속의 시간변화의 실제 예이다.

일정 기간의 풍속구간마다의 출현율을 그래프로서 표현한 것을 풍속의 출현율 분포(도수분포)라고 한다. 일반적으로 출현율의 최대치는 저속측에 기울어져 있으며 다음 식에 나타난 와이블 분포로 근사할 수 있는 것이 알려져 있다.

$$f(V) = \frac{k}{c}\left(\frac{V}{c}\right)^{k-1}\exp\left\{-\left(\frac{V}{c}\right)^k\right\}$$

단, $f(V)$: 풍속 V의 출현율, c : 척도계수, k : 형상계수이다.

척도계수 C는 저풍속측으로부터의 누적출현율이 63.2%가 되는 곳의 풍속 V와 동등하다. 형상계수 k는 일본의 경우 0.8~2.2 정도이며 연평균 풍속이 클수록 커지는 경향이 있다. 연평균 풍속이 5m/s 이상인 곳에서는 k=1.5~2.2 정도가 된다. 그림 8.5는 풍속의 출현율 분포의 예이다.

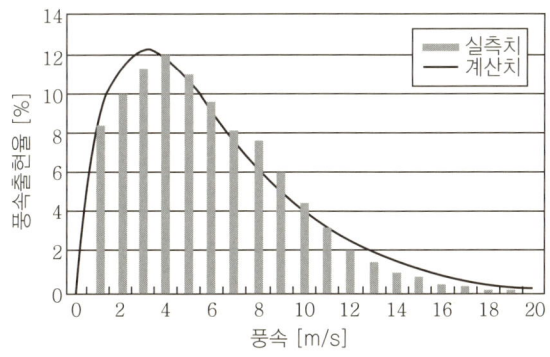

그림 8.5 풍속의 출현율 분포의 예

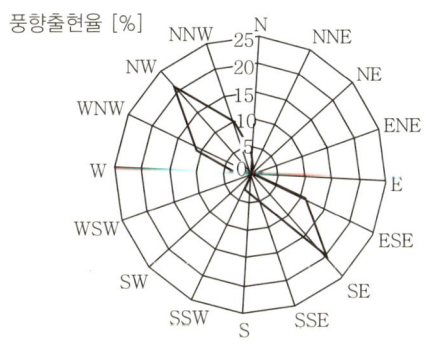

그림 8.6 풍배도의 예

(3) 풍향의 시간변화

자연풍은 풍속만이 아닌 풍향도 끊임없이 변화한다. 어느 기간의 각 방위별 풍향의 출현율(빈도)을 방사상의 그래프로 표현한 것을 풍배도(윈드로즈)라고 한다. 그림 8.6은 연간의 풍배도의 예이다. 어느 기간 가장 빈번하게 나타난 풍향을 탁월풍향이라 한다.

(4) 지형의 영향

바람은 기본적으로 지형을 따라서 흐르지만 지형의 변화에 의해 흐름의 박리나 수속이 일어난다. 바람이 급경사면이나 벼랑을 밀어 올라갈 때에는 흐름이 가속류가 되어 풍속은 증대하지만 그 하부에서는 충돌에 의한 **난류**

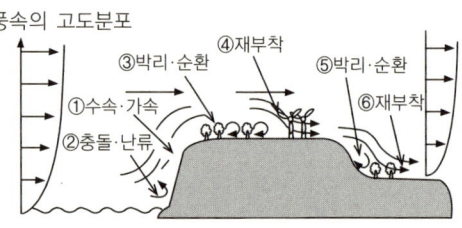

풍속의 고도분포

③박리·순환 ④재부착
⑤박리·순환
①수속·가속 ⑥재부착
②충돌·난류

그림 8.7 지형의 영향

영역이 발생한다. 한편 상부에서는 박리에 의한 **순환영역**이 발생하여 풍향이 완전히 반대로 되는 경우도 있다. 또한 바람이 급경사면이나 벼랑을 하강할 때에는 박리에 의한 순환영역이 발생하고 그 하류에서는 **재부착 영역**이 형성된다.

지형 영향의 모식도를 그림 8.7에 보인다.

(5) 지상구조물 등의 영향

바람이 건물을 통과할 때 건물주위에는 난류영역이 형성되지만 그 영역은 풍상측에서 건물높이의 2배, 풍하측에서 10~20배, 높이방향에 2배의 범위에 미친다. 풍향에 대해서 폭넓은 건물(폭이 높이의 약 4배 이상)의 경우 바람은 수평방향으로는 넓어지지 않고 대부분이 건물 상부를 통과하기 때문에 풍하측의 난류영역의 거리는 길어진다. 한편 폭이 좁은 건물의 경우 바람은 수평방향으로도 넓어지므로 풍하측의 난류영역의 거리는 짧아진다.

건물이 불투과성인 것에 비해 자연의 장해물인 수목대 등에는 투과성이 있으며 바람은 이들 장해물을 통과할 수 있다. 수목의 밀집도에도 의하지만 난류영역은 풍상측에서 수목높이의 5배, 풍하측에서 5~15배 정도이다.

4 풍력 에너지의 부존량

지구상의 모든 풍력 에너지의 견적에는 많은 설이 있지만 일설에 의하면 태양으로부터 지구로 온 에너지의 약 2%가 바람으로 변환되어 그 총량은 3.0×10^{17} kW로 되어 있다.

 이 막대한 에너지량 중 풍차에 의해 실제로 어느 정도 이용 가능한지를 분명히 한 것이 **풍력 에너지의 부존량**이다.

 일본의 풍력 에너지 부존량으로서는 몇 개의 보고된 사례가 있지만 어떠한 전제조건을 두는가에 의해 값은 크게 달라진다. 예를 들면, NEDO(신에너지·산업기술 종합개발기구)는 일본의 풍력 에너지 부존량을 3500만 kW로 보고하고 있다.

8.2 풍차의 기초이론

■ 풍차의 종류와 특징

풍차에는 여러 가지 종류가 있지만 일반적으로 풍향에 대한 회전축의 위치에서 수평축형·수직축형, 그 작동원리에 따라 양력형·항력형으로 분류된다. 그림 8.8은 풍차의 분류이다.

(1) 수평축형 풍차·수직축형 풍차

수평축형 풍차는 풍향에 대해 평행한 회전축을 가지는 풍차이며 프로펠러형·다익형·네덜란드형·세일윙형 등이 포함된다. 수평축형에서는 풍차의 회전면이 항상 바람이 부는 방향을 향해 있을 필요가 있다.

회전면이 타워의 풍상측에 있는 풍차를 **업윈드형 풍차**라 한다. 업윈드형 풍차에서는 꼬리날개 등의 방위제어장치의 작동에 의해 그 회전면은 항상

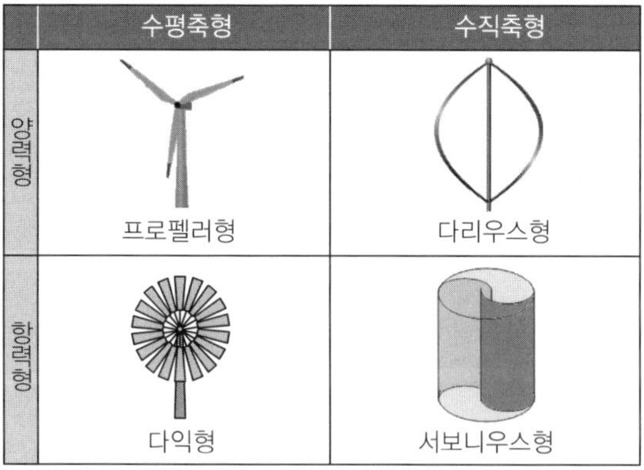

	수평축형	수직축형
양력형	프로펠러형	다리우스형
항력형	다익형	서보니우스형

그림 8.8 풍차의 분류

바람의 방향을 향하도록 되어 있다. 한편 회전면이 타워의 풍하측에 있는 풍차를 **다운 윈드형 풍차**라 한다. 다운 윈드형 풍차에서는 풍향이 변했을 때 그 회전면이 바람의 방향을 향하도록 힘이 작용하기 때문에 방위제어장치가 없어도 된다.

수직축형 풍차는 풍향에 대해 수직인 회전축을 가지는 풍차이며 다리우스형·직선날개수직축형·서보니우스형·크로스프로형 등이 여기에 해당한다. 수직축형 풍차는 어느 방향에서 바람을 받아도 회전하는 것이 가능하기 때문에 방위제어장치를 필요로 하지 않는다.

(2) 양력형 풍차·항력형 풍차

물체가 바람에서 받는 힘을 바람에 수직인 성분, 평행한 성분으로 나누어 생각할 때, 수직성분의 힘을 **양력**이라 하고, 평행성분의 힘을 **항력**이라 한다.

이 중, 주로 양력의 작용에 의해 회전하는 풍차를 **양력형 풍차**라 하며 프로펠러형·다리우스형·직선날개수직축형 등이 여기에 포함된다. 양력의 작용에 의해 풍속의 수배라는 높은 회전속도가 얻어지는 것으로부터 발전용 풍차로서 이용되는 경우가 많다.

또한 주로 항력의 작용에 의해 회전하는 풍차를 **항력형 풍차**라 하며 다익형·서보니우스형·크로스플로형 등이 여기에 포함된다. 항력형 풍차는 풍속보다 높은 회전속도를 얻는 것은 불가능하지만, 토크(회전축을 돌게 하는 힘)가 크기 때문에 양수·제분 등의 동력용 풍차로서 이용되는 경우가 많다.

2 풍차의 회전원리

(1) 양력과 항력

상술한 것처럼, 흐름의 가운데의 물체가 받는 힘 F 중, 수직성분의 힘을 양력 L, 평행성분의 힘을 항력 D라 한다. 그림 8.9는 흐름 안에 둔 물체 주위에 생기는 양력 L과 항력 D를 나타낸다. 다른 크기·형상의 물체의 양력·항력을 비교할 때에는 무차원수인 아래에 나타낸 **양력계수** C_L, **항력계수** C_D를 이용해서 평가하는 것이 일반적이다.

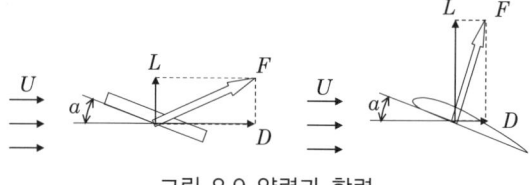

그림 8.9 양력과 항력

$$C_L = \frac{L}{\frac{1}{2}\rho A U^2}$$

$$C_D = \frac{D}{\frac{1}{2}\rho A U^2}$$

여기서, ρ : 공기밀도 [kg/m³], A : 흐름에 대한 물체의 투영면적 [m²], U : 흐름의 속도 [m/s]이다.

양력계수, 항력계수의 크기는 물체의 형상, 물체와 바람이 이루는 각도, 흐름의 레이놀즈수(흐름의 속도·물체의 대표길이·유체의 동점도에 의해 나타나는 무차원수) 등에 의해 변화한다. 물체와 바람이 이루는 각도를 **영각** α 라 한다. 또한 양력 L과 항력 D의 비를 양항비 L/D라 한다. 표 8.2는 각종 날개형의 영각·양력계수·양항비를 나타내고, 그림 8.10은 영각에 대한 양력계수와 양항비의 관계를 나타낸다.

표 8.2 각종 날개형의 영각·양력계수·양항비

날개형		영각 α(deg)	양력계수 C_L	양항비 L/D
평판		5	0.8	10
곡면판 (곡률 10%)		3	1.25	50
곡면판 (오목면에 지지봉)		4	1.1	33
곡면판 (볼록면에 지지봉)		14	1.25	5
NACA4412		4	0.8	120

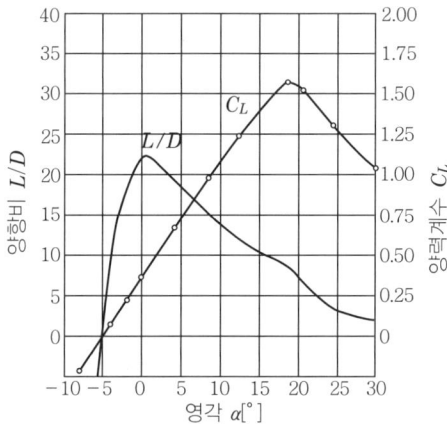

그림 8.10 영각·양력계수·항력계수의 관계

(2) 양력형 풍차

프로펠러형 풍차를 예로 들어 생각해보자.

양력형 풍차는 양력의 작용으로 회전하는 풍차이기 때문에 풍차 블레이드에 작용하는 힘으로서는 수직분력인 양력이 크고, 평행분력인 항력이 작아지는 것이 바람직하다. 프로펠러 풍차에서 이용되는 유선형의 날개형에서

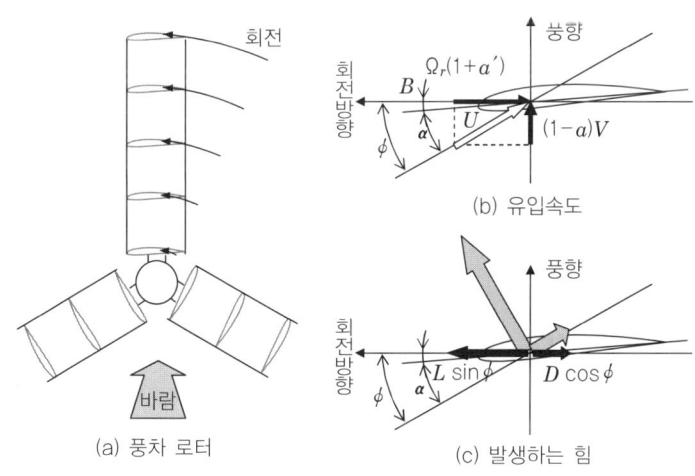

그림 8.11 프로펠러형 풍차의 작동원리

는 양항비가 100배에 달하는 경우도 있다. 날개형에 평판이 아닌 유선형의 것이 사용되는 것은 이 때문이다.

프로펠러 풍차에서는 이들 풍차 블레이드의 반경방향의 각 단면에서 발생한 힘 F(주로 양력 L이 기여)의 회전방향의 분력 F_R의 총화에 의해 풍차가 회전하게 되는 것이다. 그림 8.11은 프로펠러 풍차의 작동원리를 나타낸다.

(3) 항력형 풍차

서보니우스형 풍차를 예로 들어 생각해보자.

서보니우스형 풍차는 원통을 길게 자른 형태의 바람받이 버킷을 마주보게 하고 중심을 어긋나게 해서 만든 형태로 되어 있다. 버킷의 오목한 부분과 볼록한 부분은 함께 바람의 힘을 받아 항력을 발생시키지만 항력계수에 상위가 있기 때문에 풍차가 한 방향으로 회전하게 되는 것이다. 표 8.3은 대표적인 물체의 항력계수를 나타내고, 그림 8.12는 서보니우스 풍차의 작동원리를 보여준다.

표 8.3 대표적인 물체의 항력계수

물체형상	항력계수C_D	레이놀즈 수Re
원기둥 →⃝	1.2	$10^3 \sim 10^5$
각기둥 →▢	2.0	$>10^4$
반원통(凹) →)	2.3	$>10^4$
반원통(凸) →(	1.2	$>10^4$
타원기둥 →⬭	0.6	$10^3 \sim 10^5$
반구(凹) →D	1.33	$>10^4$
반구(凸) →◖	0.34	$>10^4$
원뿔 →◁α	0.53 ($\alpha = 60°$) 0.34 ($\alpha = 30°$)	$>10^4$

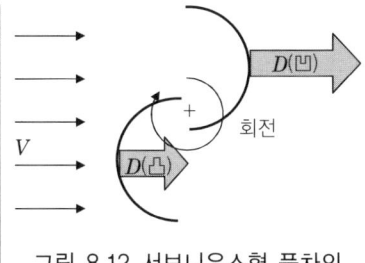

그림 8.12 서보니우스형 풍차의 작동원리

8.3 풍력 에너지 이용의 현재 상황

1 대형풍력발전

대형풍차는 정격발전출력이 500kW 이상의 풍차로 정의되어 있다(최근 풍차가 더욱 대형화됨에 따라 대형풍차의 정의는 1000kW로 옮겨가고 있다). 대형풍차는 일반적으로 계통에 접속되어 이용되는 것부터 고효율의 프로펠러형(날개매수 2~3매)이 채용되고 있다. 대형풍차의 회전면은 직경 50m를 넘는 거대한 것이며, 그 때문에 날개의 재질로서는 섬유강화 플라스틱(특히 GFRP)제의 것이 채용되어 강도의 확보와 함께 중량의 저감이 도모되고 있다. 발전기를 격납한 너셀은 높이 수십 m의 타워(주로 강철제) 위에

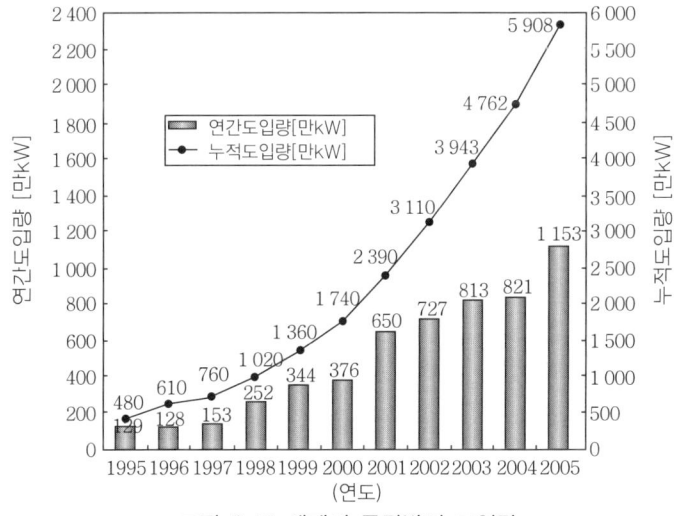

그림 8.13 세계의 풍력발전 도입량

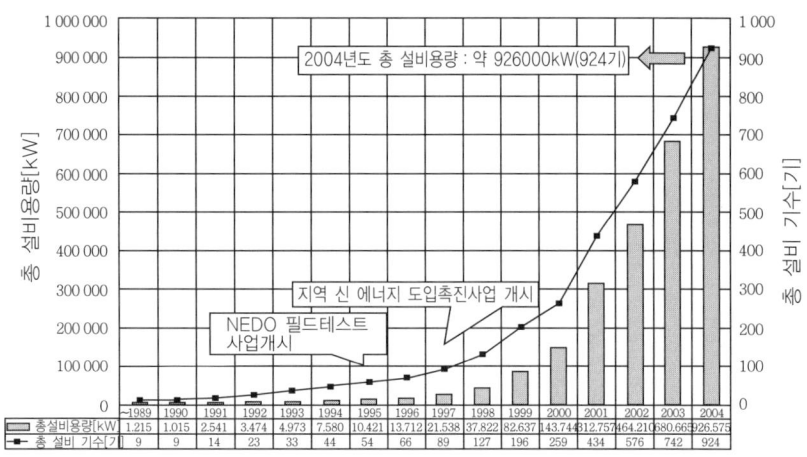

	~1989	1990	1991	1992	1993	1994	1995	1996	1997	1998	1999	2000	2001	2002	2003	2004
총설비용량[kW]	1.215	1.015	2.541	3.474	4.973	7.580	10.421	13.712	21.538	37.822	82.637	143.744	312.757	464.210	680.665	926.575
총 설비 기수[기]	9	9	14	23	33	44	54	66	89	127	196	259	434	576	742	924

그림 8.14 일본의 풍력발전 도입량(2005년 3월말 현재)

설치되어 방위제어 모터에 의해 풍차회전면이 항상 풍향을 향하도록 제어되고 있다.

대형풍력발전기의 대부분은 윈드팜이라 부르는 호풍황지에 다수기 집중 설치에 의해 저비용화가 도모되고 있다. 최근의 풍력발전의 진전은 이들 대형풍력발전기와 대규모 윈드팜에 의한 면이 크다.

그림 8.13에 보인 것처럼 세계의 풍력발전 도입량은 1990년대 이래로 급증하여 그 총설비용량은 약 6000만kW(2005년 말)에 달하고 있다. 국가별로 보면 독일(약 1843만kW), 스페인(1002만kW), 미국(915만kW), 인도(443만kW), 덴마크(312만kW)의 순서로 되어 있다. 이 나라들에서 많은 풍력발전이 도입되고 있는 이유로는 풍황의 면보다 오히려 각국의 정책적인 영향이 크다. 예를 들면 독일, 스페인, 덴마크에서는 풍력발전에 의한 전력의 매입을 의무화하고, 매입가격을 높게 설정한 고정가격제를 도입하고 있다.

그림 8.14에 보인 것처럼 일본의 풍력발전 도입량도 1990년대 후반부터 급속도로 늘어났으며 그 총 설비용량은 105만kW(2005년 말)에 달하고 있다. 지역별로 보면 주로 호풍황지가 많은 것에 기인해서 도호쿠, 홋카이도,

그림 8.15 대규모 윈드팜의 예

큐슈에 도입량이 많아지고 있다.

그림 8.15는 대규모 윈드팜의 예이다.

2 해상 윈드팜

육상에 비해 매우 안정된 바람이 얻어지는 점으로부터 세계 각국에서 해상(오프쇼어) 윈드팜의 건설이 진행되고 있다.

유럽의 해상풍력발전의 조사연구는 1980년대에 개시되어 지금까지 스웨덴·네덜란드·덴마크·영국 등의 근해역을 중심으로 총 설비용량 70만 kW(2003년 말)의 해상풍력발전이 도입되고 있다. 유럽 주요국에서는 덴마크나 독일을 중심으로 백~수천 MW 규모의 사업계획이 세워지고 있으며, 앞으로도 도입량은 순조롭게 증가해 갈 것이라 생각된다. 일본에서도 홋카이도 세나타정(600kW×2기)이나 야마가타현 사카타시(2MW×2기) 등 해상 윈드팜의 건설이 시작되고 있다.

그림 8.16은 해상 윈드팜의 예이다.

3 소형·마이크로 풍력발전

소형풍차는 그 수풍면적이 200m² 이하의 풍차로 정의되어 있다. 이것은

그림 8.16 해상 윈드팜의 예

발전출력으로 말하면 약 50kW 이하에 해당한다. 특히 출력 1kW 이하는 마이크로 풍차라고도 한다.

대형풍차가 계통에 접속되어 전력판매에 이용되는 것에 비해 소형풍차의 용도는 전력판매용, 외딴 섬·산오드막 등의 독립전원용, 열·동력이용 혹은 환경교육·계발목적 등 여러 가지이다. 이런 이유로부터 이용되는 풍차도 프로펠러형 다리우스형·서보니우스형·다익형 등 다종다양하게 되고 있다.

4 하이브리드 발전 시스템

하이브리드 발전 시스템이란 풍력＋태양광 등 2종류 이상의 전원을 조합시켜서 발전을 행하는 시스템이다. 그 목적은 어느 종류의 전원을 다른 전원과 조합시키는 것에 의해 얻어지는 전력을 안정화시켜 발전비용의 저감을 도모하는 데에 있다.

2종류 이상의 전원을 조합시킨다고 해도, 발생전력의 월변동·일변동·시간변동을 완전하게 제거하는 것은 어려운 것이므로 일반적으로 축전지 등의

평준화 장치와 조합시켜서 독립전원 시스템을 구성하거나 계통연계 시스템으로서 이용되는 경우가 많다.

풍력과의 하이브리드 시스템으로서는 풍력＋태양광, 풍력＋소수력, 풍력＋내연기관, 풍력＋바이오매스 등을 예로 들 수 있다.

그림 8.17은 마이크로 풍력＋태양광 하이브리드 발전 시스템의 예이다. 또한 그림 8.18은 풍력＋태양광＋바이오매스 하이브리드 발전 시스템의 예이다.

정격출력(풍력)
400W(12.5m/s시)
최대출력(태양광) 62W
(a) 제퍼(주)

정격출력(풍력)
340~1360W(12m/s시)
최대출력(태양광) 100W
(b) 신코전기(주)

정격출력(풍력)
23W(10m/s시)
최대출력(태양광) 24W
(c) 나스전기철공(주)

정격출력(풍력)
23W(8m/s시)
최대출력(태양광) 22W
(d) (주)후케이 세코로

그림 8.17 마이크로 풍력태양광 하이브리드 발선 시스템의 예

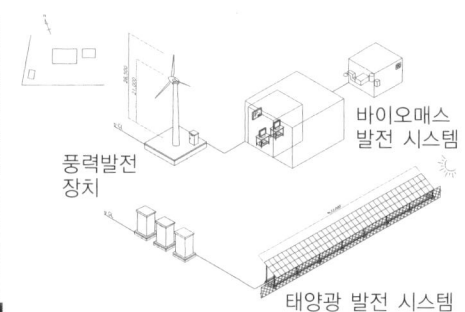

바이오매스
발전 시스템

풍력발전
장치

태양광 발전 시스템

그림 8.18 풍력·태양광·바이오매스 하이브리드 발전 시스템

KCAAgICAgICAgICAgICAgICAgICAgICAgKAAgICAgICAgICAgICAgICAgICAgICAgIAB

참고문헌

（1） 牛山泉：風力エネルギー読本，オーム社（2005）

（2） 牛山泉：風車工学入門，森北出版（2002）

（3） A. Betz, Das Maximum der theoretisch moeglichen Ausnuetzung des Windes durch Windmotoren, Zeitschrift fuer das gesamte Turbinenwesen, Heft 26, Sept. 26, 1920

（4） F. W. Lanchester, Contribution to the Theory of Propulsion and the Screw Propeller, Transactions of the Institution of Naval Architects, Vol. LVII, March 25, p. 98~116, 1915

（5） R. E. Wilson, P. B. S. Lissaman and S. N. Walker, Aerodynamics Performance of Wind Turbines, Oregon State University, Corvallis, OR, NTIS, USA, 1976

（6） E. H. Lysen, Introduction to Wind Energy, Consultancy Services Wind Energy Developing Countries, The Netherlands, 1983

（7） 風力発電導入ハンドブック，独立行政法人 新エネルギー・産業技術総合開発機構（2005）

（8） GWEC, Global Wind 2005 Report, Global Wind Energy Council（2006）

09

태양에너지 이용의 장래전망

본 장에서는 장래의 태양 에너지 이용기술을 이용확대를 목표로 한 새로운 시스템의 제안·연구사례, 고도이용이나 복합이용의 사례를 소개한다. 태양광 발전에 있어서는 앞으로의 대량 도입을 응시하여 복수의 태양광 발전 시스템이 근접한 지역에서 집중 도입된 경우의 최적화나 전력계통과의 조화에 관한 연구가 시작되고 있다. 태양열 이용에 대해서도 새로운 개념이 제안되어 주목을 모으고 있다. 건축 분야에서는 태양 에너지를 고도로 이용하는 건물이 우리 삶에 점점 가까워지고 있다. 소수력 발전에 대해서도 활발한 도입이 진행되고 있음을 사례를 포함해서 소개한다. 많은 종류의 재생가능 에너지를 이용한 복합 시스템은 에너지 자급률을 높이는 차원에서도 필요불가결한 기술이기 때문에 장래 기대되는 기술이다.

9.1 태양광 발전 시스템의 새 전개

① 자율도 향상형 태양광 발전 커뮤니티 시스템

일본에 있어서 태양광 발전 시스템(PV 시스템)은 주택용 시스템을 중심으로 보급이 진행되고 있다. 그러나 더욱 보급이 진행되어 전력계통 전체에 대한 태양광 발전 시스템의 존재비율이 높아지면 태양광 발전 시스템이 전력계통에 주는 영향도 지금 이상으로 무시할 수 없어질 것이라고 예상된다. 그와 같은 상황이 될 경우, 개별 시스템의 제어만이 아닌 복수의 태양광 발전 시스템 및 다른 분산전원을 네트워크화하여 총합 제어할 필요가 생길 것이라 예상된다. 이것에 대비해 상용계통에서 독립한 **태양광 발전 커뮤니티 시스템**의 검토가 진행되고 있다.

복수의 태양광 발전 시스템으로 구성된 태양광 발전 커뮤니티 시스템은 기존 전력 계통의 부담을 최소한으로 하기 위해 커뮤니티 내에 독립한 계통을 설치해서 기존 전력 계통들 사이에 연계제어장치를 끼워서 1점에서 연계하는 것으로 한다(그림 9.1). 자율계통 내에서는 축전 스테이션을 설치하여, 커뮤니티 내의 전력융통은 정보 네트워크를 이용해 제어한다. 또한 커뮤니티 내를 루프하고, 파워 일렉트로닉스 기기를 직병렬로 도입하는 것으로 커뮤니티 내의 전력융통을 용이하게 한다. 이때 커뮤니티 내에서의 전압분포의 적정화나 고조파 문제, 사고파급 방지수법 및 발전량 예측수법의 개발이 과제로서 대두되고 있다.

② 집중 연계형 태양광 발전 시스템

PV 시스템이 급속도로 보급 확대되는 과정에서 PV 시스템이 특정 배전

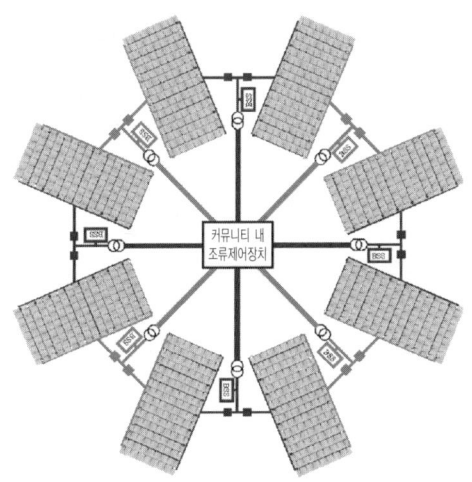

그림 9.1 자율도 향상형 태양광 발전 커뮤니티 시스템 구성 예

계통에 국소적으로 집중 도입될 것이 예상되는데 이 경우에 전압상승에 의한 출력억제나 계통에의 영향 등은 더욱 보급 확대에 제약이 될 가능성이 있다. 그래서 NEDO의 프로젝트로서 2002년부터 「집중 연계형 태양광 발전 시스템 실증연구」가 이루어지고 있다.

이 실증연구에서는 PV 시스템의 집중 연계 시에 전압상승에 의한 출력제어나 계통에의 영향 등에 관한 범용적인 대책기술을 개발하고, 그 유효성을 일반적인 실배전계통에 PV 시스템을 집중연계시킨 지역에서 실증과 함께 PV 시스템의 집중연계에 관한 응용 시뮬레이션 수법을 개발하는 것을 목적으로 하고 있다.

본 연구의 실증시험지구(그림 9.2)는 군마현 오타시의 신흥주택단지이며, 프로젝트 종료까지 500동 이상의 주택에 PV 시스템이 설치되어 PV 시스템의 정격용량은 총 2MW를 넘을 전망이다. PV 시스템의 기본 사양은

① 어레이의 설치장소는 동~남~서의 지붕면

② 어레이 용량은 3~5kW

③ 출력제어기능의 차이나 단독운전 검출방식을 고려한 기기를 연구실시자가 선정·배치하고 있다.

그림 9.2 실증시험지구

　PV 시스템으로부터의 역조류에 의해 연계점의 전압이 계통의 전압관리치($101\pm6V$, $202\pm20V$)를 일탈하지 않도록 현재 시판 중인 파워 컨디셔너에는 출력제어기능이 구비되어져 있지만, 이 기능에 의해 충분한 일사가 있다 하더라도 PV 시스템에서의 출력이 억제되어 시스템 효율이 저하한다는 단점이 생기는 경우가 있다.

　본 프로젝트에서는 이 출력제어현상을 파악함과 그것을 회피하는 기술을 개발하여 유효성을 실증한다. 구체적인 출력제어회피대책으로서 억제분의 출력을 일시적으로 에너지 저장장치에 축적하고, 야간 등의 부하에 전력 공급을 하는 방법을 제안하고 있다. 개개의 주택에 출력억제회피기능을 가지는 것이 좋겠는가, 복수의 PV 시스템의 공통이 되는 장치를 설치하는 것이 좋겠는가, 그것들의 규모나 억제방법도 포함하여 비교 검증한다.

　에너지 저장장치로서는 실증시험지구(주택 PV 시스템)에서는 납축전지를 이용함과 함께 리튬 이온 전지와 전기2중층 캐패시터에 대해서도 모의계통시험설계에서 시험을 행한다.

　또한 단독운전방지기능에 대해서는 집중연계 시의 능동방식의 상호 간섭에 의한 오작동(계통정지 시의 PV 시스템 불해열, 또는 계통건전 시의 불필요한 해열)이 염려되며 본 실증연구에서는 오작동방지대책의 검토와 유효성을 실증하기 위해 주상변압기단위로 동종류의 방식의 조합시험, 이종류의 방식의 조합시험이 가능하게 하고 있다. 본 프로젝트는 종래의 실험장 내에서만 행했던 시험과는 달리 실제의 주택에 PV 시스템을 설치하여 배전계통

에 연계하는 것이기 때문에 관계자의 큰 협력이 필요하며, 사회실험적인 면도 가지고 있다. 앞으로 얻어지는 성과는 PV 시스템이 대량 도입될 앞날을 가늠할 중요한 척도가 될 것이다.

9.2 태양열 이용의 고도화와 솔라 건축의 장래

1 신형 태양열 발전 시스템

수 kW 규모의 태양열 발전 시스템의 새로운 방식으로서 3D-CPC(복합 포물면 집광형) 컬렉터와 SHINLA 터빈이라 부르는 디스크 터빈을 이용한 방식이 제안되고 있다(그림 9.3, 그림 9.4). 종래의 날개형 터빈은 소출력에

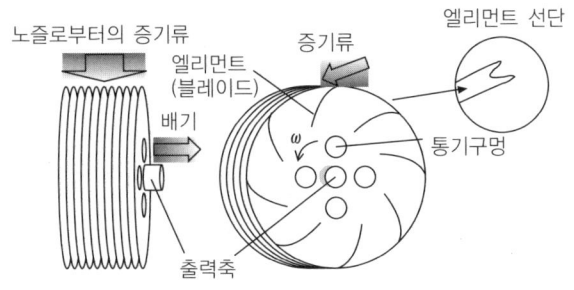

그림 9.3 SHINLA 터빈

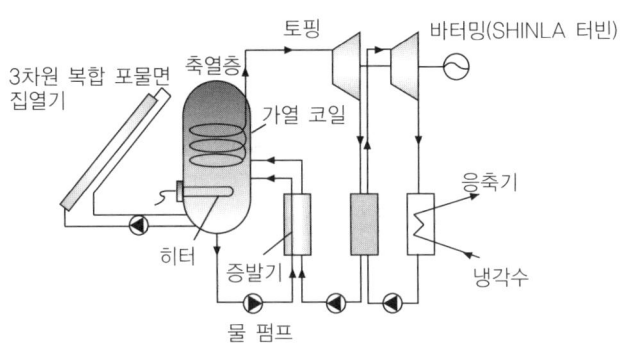

그림 9.4 듀얼 유동주기 시스템의 개념도

서는 효율이 떨어져 비용이 높아지므로 이 시스템에서는 디스크 터빈을 채용하고 있다. 블레이드가 없는 디스크 터빈은 효율이 나쁘기 때문에 이 터빈에서는 블레이드를 가진 디스크를 사용해서 간격은 100μm 이하의 간격으로 같은 형상의 디스크를 100~1000매 나열하는 것으로 했다. 디스크 블레이드를 "끝없이 나열"한다는 뜻으로 이 터빈은 SHINLA(森羅) 터빈이라 명명되었다. 그리고, 디스크 선단에 노치(notch)를 설치함으로써 점성력·양력·원심력을 더해, 노즐로부터의 초음속류를 받아서 충동력·반동력을 유효하게 사용할 수 있게 되었다.

3D-CPC 컬렉터에 의해 100~200℃에 집열된 태양열로 고온·고압의 증기를 발생하여 이 터빈을 가동한다. 터빈의 출력과 효율을 개선하기 위해 랭킨 사이클을 기초로 하여 복수의 터빈을 계에 편입시킨 듀얼 유동주기로 하고 있는 것도 이 시스템의 특징이다.

이 시스템에 의해서 태양 에너지를 열원으로 한 발전효율은 16~20%가 가능하다는 시산이며, 현재의 태양광 발전 시스뎀의 언간평균 발전효율(~9%)을 상회하는 것이다. 또한 이 계의 에너지원은 태양 에너지에 한정된 것이 아니고, SHINLA 터빈 출력은 동력원으로서 용도가 확대될 가능성을 가지고 있다.

② 솔라 건축

태양 에너지 이용은 기술개발이 이루어지면서 대량도입의 시대로 돌입하고 있다. 대량도입을 위해서는 시스템 가격이 더욱 저감되고 도시·건축 디자인과의 효율적 합의가 필요하다. 21세기의 서스테이너블(sustainable) 사회에서는 솔라 관계기술 개발이 건축 문화적 의미를 가지는 성숙한 사회의 성립이 바람직하다. 본 항에서는 환경 시대의 건축 디자인으로서 특징적인 것들을 소개한다.

(1) 태양열 이용 : 지구환경전략기구(IGES)[설계 : (주)닛겐설계]

IGES는 지구환경문제해결을 향한 정책을 연구하여 각국 정부, 자치체, 기업 등에 구현시키는 연구기관이다. 활 모양의 지붕에는 $50kW_p$의 태양광 발전, 태양열 집열장치를 설치하여 자연 에너지 취득부위로서 지붕 디자인의 중요한 요소가 되고 있다. 세로 루버와 라이트 셀프는 일사부하를 차단하는 한편, 경사천정에 따라 반사광을 실내 깊숙이 도입한다. 연구자가 모이는 아트리움은 탁월풍의 흡인효과와 바람의 빠져나감의 굴뚝효과로 자연환기를 행한다(그림 9.5).

그림 9.5 활 모양의 파사드(사진촬영 : 오노 지로)

(2) 태양광 발전 : 이토만 시청 청사[설계 : (주)일본설계]

이토만 시청 청사에는 아열대 기후의 새로운 환경수법으로서 외 루버를 BIPV화하여 오키나와의 전통적인 가옥의 특징을 재구축했다. 195.6kW_p의 태양광 발전 시스템은 공조부하저감과 함께 햇볕을 완화시킨 쾌적한 반실외

그림 9.6 강한 햇볕을 완화하는 BIPV 그늘 루버(사진촬영 : 카와스미 건축사진사무소)

공간 "아마하지"를 창출할 수 있었다. 자연환기·자연채광·수빙복합축열설비·빗물 재이용 등을 채용해 자연 에너지 이용과 부하저감을 건축 디자인화했다(그림 9.6).

(3) 자연환기 : 일본대학 이공학부 후나바시교사 14호관[설계 : (주)일본설계]

이 교사는 "밝고 개방적인 커뮤니케이션 공간의 창조", "환경에의 배려", "최신기술의 활용"을 테마로 한 교육건물이다. 남측공용부 라운지 복도에는 유리로 된 솔라 침니를 설치, 태양열의 상승기류로 자연환기를 행함과 함께 땅속 피트를 이용한 쿨 튜브로 냉기·난기를 도입하여 자연 에너지 이용을 적극적으로 행하고 있다. 라운지 복도의 남측 테라스에는 태양광 발전 패널을 설치하여 차양효과와 발전을 동시에 행하고 있다(그림 9.7).

그림 9.7 솔라 침니와 PV 차양(사진촬영 : 미와 아키히사 사진연구소)

9.3 소수력 이용

1 수력발전의 의의

일본은 세계에서 손꼽히는 에너지 소비국이고, 여전히 1차 에너지 공급의 8할을 수입에 의존하는 지극히 취약한 에너지 구조를 가지고 있다. 이 때문에 에너지 보안의 관점에서 에너지의 안정공급을 확보하는 것은 계속된 중요 정책 과제이다. 또한 지구온난화 문제로 대표되는 지구적 규모의 환경문제는 국제적으로도 구체적인 대응을 할 수 밖에 없는 시대로 되고 있으며 에너지 공급면의 대응책으로서 이산화탄소를 배출하지 않는 에너지의 도입 촉진의 필요성은 점점 높아지고 있다.

일본의 경제사회 및 국민생활의 유지 발전, 그리고 지구적 규모의 환경문제의 공헌을 이루기 위해서는 장기적 시점에서 총합적인 자원 에너지 정책의 일환으로서 비화석 에너지의 개발·도입을 추진해갈 필요가 있으며, 깨끗한 국산 에너지가 주력인 수력 에너지 개발의 중요성을 재인식할 필요가 있다.

수력은 현재에도 일본의 전력공급의 약 1할을 차지하고 있고 전원 설비로서도 모든 전원의 약 2할을 차지하고 있으며, 에너지원으로서 중요한 역할을 맡고 있다. 총합자원 에너지 조사회 수급부회의 장기 에너지 수급전망(2005년 3월)에서 2010년도의 일반 수력(전기사업자)에 대한 전망은 표 9.1과 같다.

이것에 기초해, 석유대체 에너지 공급목표(2005년 4월 각의결정)에서, 위의 수치대로 일반 수력의 공급목표치가 게재되어 있다. 수력 등의 석유 대체 에너지의 증가에 따라 석유의존도는 약 4할까지 저감되는 것으로 나타난다.

표 9.1 일반 수력(전기사업자)의 에너지 수급전망

1990년도		2000년도		2010년도	
전원구성	발전전력량	전원구성	발전전력량	전원구성	발전전력량
1931만kW	788억kWh	2008만kW	779억kWz	2070만kW	927억 kWh

게다가, 수력은 무한으로 재생 가능한 순 국산 에너지이며 긴급 시에 필요최소전원으로서 국가 안보에 공헌한다. 수력은 발전과정에서 이산화탄소를 배출하지 않는 깨끗한 재생가능 에너지이며, 지구온난화 등 지구환경문제대책으로서 공헌한다. 수력발전 원가의 구성은 자본비 관계가 대부분이기 때문에 인플레나 연료비용의 변동 등의 영향이 적고, 다른 전원에 비해 발전비용이 장기적으로 안정되어 있다. 앞으로 개발이 전망되고 있는 수력발전소의 평균규모는 4500kW 정도이지만 이것들의 설비이용률을 45%로 가정하면 연간 발전전력량은 17,739,000kWh가 되며, 이것은 약 4400호(1호당 연간소비전력 4000kWh 경우) 정도의 전등수요를 해설할 수 있으며 지역 에너지로서 큰 역할을 맡는다.

② 이에나카강(家中川) 소수력 시민참여 발전소

야마나시현 츠루시에서는 2003년 4월 29일 츠루시제 50주년을 기념해서 물의 도시 츠루시의 상징으로서, 또한 츠루시에서 이용 가능한 재생가능 에너지 중에서 가장 기대되는 소수력 발전의 보급 계발을 도모하는 것을 목적으로 시청을 공급처로 하는 소수력 발전소를 시민들이 참여하여 시행하는 것으로 했다.

구체적으로는 시청 청사 앞을 흐르는 이에나카강에 최대로 20kW의 발전능력을 가지는 직경 6m의 목재 하괘식 수차(下掛水車)를 설치하는 것으로 NEDO(신에너지·산업기술 총합개발기구)의 수력발전시설의 설치에 관계된 신기술의 도입사업(자치체로서는 전국 최초)으로서 실시되었다. 발전한 전기는 상시에는 시청의 전력으로 사용하고, 또한 야간이나 토·일요일 등의 시청이 경부하일 때는 RPS법(전기사업자에 의한 신에너지 등의 이용에

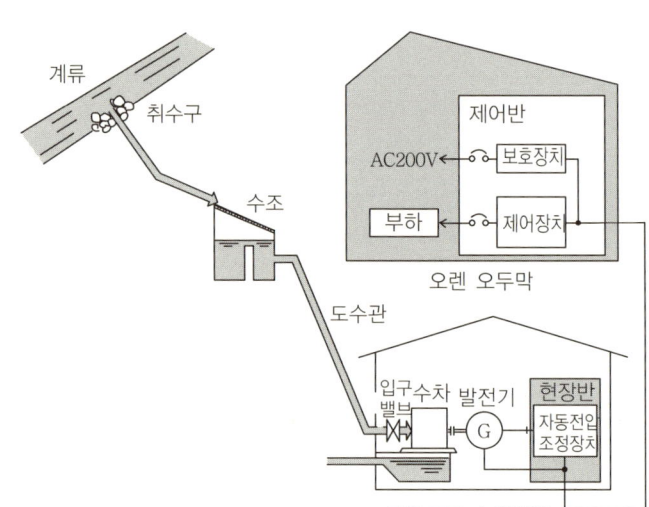

계류
취수구
수조
도수관
AC200V
제어반
보호장치
제어장치
부하
오렌 오두막
입구
밸브
수차
발전기
G
현장반
자동전압
조정장치
마이크로 수차발전

그림 9.8 야츠가타케 오렌 오두막의 마이크로 수차발전의 시스템 구성도[12]

관한 특별조치법)에 의한 전력판매를 행하여 청사사용 전기료와 이산화탄소 배출량의 삭감을 목표로 했다. 설치 재원으로서 NEDO에 의한 보조금과 시민참가형 미니공모채, 츠루시 일반재원을 사용하고 있다. 그림 9.8은 나가노현 카야노시 야츠가타케 오렌 오두막의 마이크로 수차발전의 시스템의 구성도이다.

고정 레이크와 가동 스크린, 그리고 역세정이 일체가 된 신형제진장치와 수량의 변화에도 대응하는 가변속 하괘식 수차 발전 시스템을 조합한 새로운 시스템인 것이 특징이라 할 수 있다.

9.4 복합이용 시스템에 의한 에너지 이용 고도화

■1 신에너지 등 지역집중 실증연구

이 NEDO 실증연구에서는 변동전원인 태양광 발전 및 풍력 발전과 그 외의 신에너지 등을 적정하게 조합하여 이들을 제어하는 시스템을 만드는 것에 의해 실증연구 지역 내에서 안정된 전력 열공급을 행함과 동시에 연계하는 전력계통에 전력영향을 주지 않고, 비용적으로도 적정한 "신에너지에 의한 분산형 에너지 공급 시스템"을 구축하고, 공급전력 등의 품질, 비용 그 외의 데이터를 수집한다.

이를 통해 신에너지가 더욱 도입 확대되는데 기여함과 함께 고품질의 신에너지 도입에도 유효한 지식을 얻는다. 이 때문에 신에너지의 보급이 진행될 경우에 생각되는 도입형태로서 복수의 분산형 전원을 특정 지역 내에 집중적으로 배치하고 그 지역의 에너지 공급을 도맡는 형태를 상정하고 있다. 요구되는 요건의 주요한 것으로는 "마이크로 그리드 시스템을 인식할 것", "연계하는 계통에 대해서 '좋은 시민' 일 것"이 있다.

"마이크로 그리드"는 "분산형 전원과 부하를 가진 소규모 계통으로 복수의 전원 및 열원이 IT 관련 기술을 사용하여 일괄제어관리되며, 기존 전력회사의 상용계통에서 독립하여 운전 가능한 온사이트형의 전력공급 시스템"이라 정의된다.

"좋은 시민"이란 전력품질의 확보 수단을 기존의 전력계통에서 얻지 않는 것을 의미하며 특정지역 내에 집중 배치된 분산형 전원으로 구성된 독립한 전력계통으로서 고품질의 전력공급이 필요한 것을 의미한다.

이들 요건에 기초해서 3개 형태의 프로젝트가 실시되고 있다.

첫째는 한 수요지 내에서 전기를 주고받는 것, 둘째는 특정 공급형태의 전기의 주고 받음, 세 번째는 일반 전기사업자의 전력망을 낀 전기의 주고 받음이다. 이들 중 본 항에서는 아오모리현 하치노헤 내에서 실증연구가 진행된 프로젝트를 소개한다(그림 9.9). 이 프로젝트는 특정 공급형태로 전기를 주고 받을 수 있으며, 일반 전기사업자의 전력공급망으로부터 독립된 자영선을 이용한 전력 네트워크에 의해 자립 전력계통을 지향한다.

발전설비로서는 하수처리장에서 발생하는 소화 가스(하수처리 공정에서 발생하는 발효 가스)를 연료로 하는 바이오가스 엔진, 시내의 두 개의 중학교에 설치한 10kW의 태양광 발전, 두 개의 소학교에 설치한 8kW의 풍력발전, 하치노헤 청사에 설치한 10kW의 태양광 발전 및 4kW의 풍력발전으로 되어 있다.

이들 발전설비를 활용하여 순시에 전력부하변동의 추종을 위해 2차 전지를 설치해서 전력공급처인 시청 청사나 소·중학교 등의 전력수요량의 변동

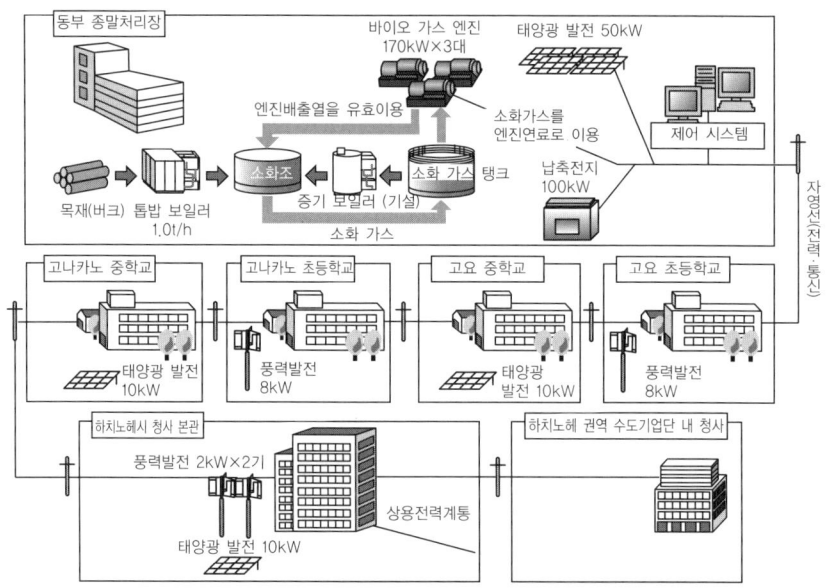

그림 9.9 "하치노헤시의 물의 흐름을 전기로 바꾸는 프로젝트" 개념도

에 응한 수급제어를 행한다. 또한 이때 발생하는 열은 하수처리장 내에서 활용한다. 수급제어의 목표로서는 전력소매제도에 있어서의 동시동량제어와는 구별을 분명히 하는 제어기술의 개발을 행한다는 의미로 6분 3% 동시동량을 목표로 한다.

이 프로젝트의 특징으로서 각 발전설비와 각 수전설비 간의 전력융통과 통신제어에 모두 자영선을 이용하고 있는 것을 들 수 있다. 이것에 의해 실증연구에 있어서의 전력품질을 전력회사의 계통에서 완전히 떨어뜨린 상태에서 검증할 수 있다. 이 프로젝트는 2005년 봄에 모든 설비의 설치공사를 완료하고 동년 10월부터 전체 시스템을 운용한 실증연구가 개시되었다.

또한 이 실증연구의 "물의 흐름을 전기로 바꾸는 프로젝트"라는 명칭은 전력공급의 대부분이 도부 종말처리장(하수처리장)에서 발생하는 소화 가스가 전력의 형태로 바뀌어 하치노헤권역 수도기업단(북 오우(奧羽) 수도 서비스)에도 제공되며 "상수에서 하수로 되어 종말처리장에 흘러들어온 물을 전기로 바꾸어 상수도 관련시설로 보낸다"는 의미가 함축되어 있다.

2 신에너지 복합 이용 시스템(이와테현 쿠즈마키정)

이와테현 쿠즈미기정은 1999년에 신에너지 비전을 책정한 이래, 지역의 특징 "산(바람)과 낙농과 임업"을 귀중한 에너지 자원으로 보고 정의 주도 하에 신에너지 사업을 진행하고 있다(그림 9.10).

정 내에서는 신에너지 이용설비로서 풍력발전소가 2개소(소데야마 고원 풍력발전소 : 400kW×3기＝1200kW, 그린 파워 쿠즈마키 풍력발전소 : 1750kW×12기＝21000kW), 쿠즈마키 중학교에는 태양광 발전 시스템 (50kW), 쿠즈마키 고우목장에는 쿠즈마키정 바이오가스 시스템(37kW)이나 바이오가스 고도이용 코제너레이션 시스템(연료전지 0.75kW), 또한 목질 바이오매스 가스화 열전병급 시스템(전력 120kW, 열 266kW, 2005년 9월 완성) 등이 도입되고 있다.

쿠즈마키정 바이오가스 시스템은 소의 배설물과 쓰레기를 발효조에서 25~30일 발효시켜 발생한 메탄 가스를 연료로 가스 엔진에서 발전을 한다.

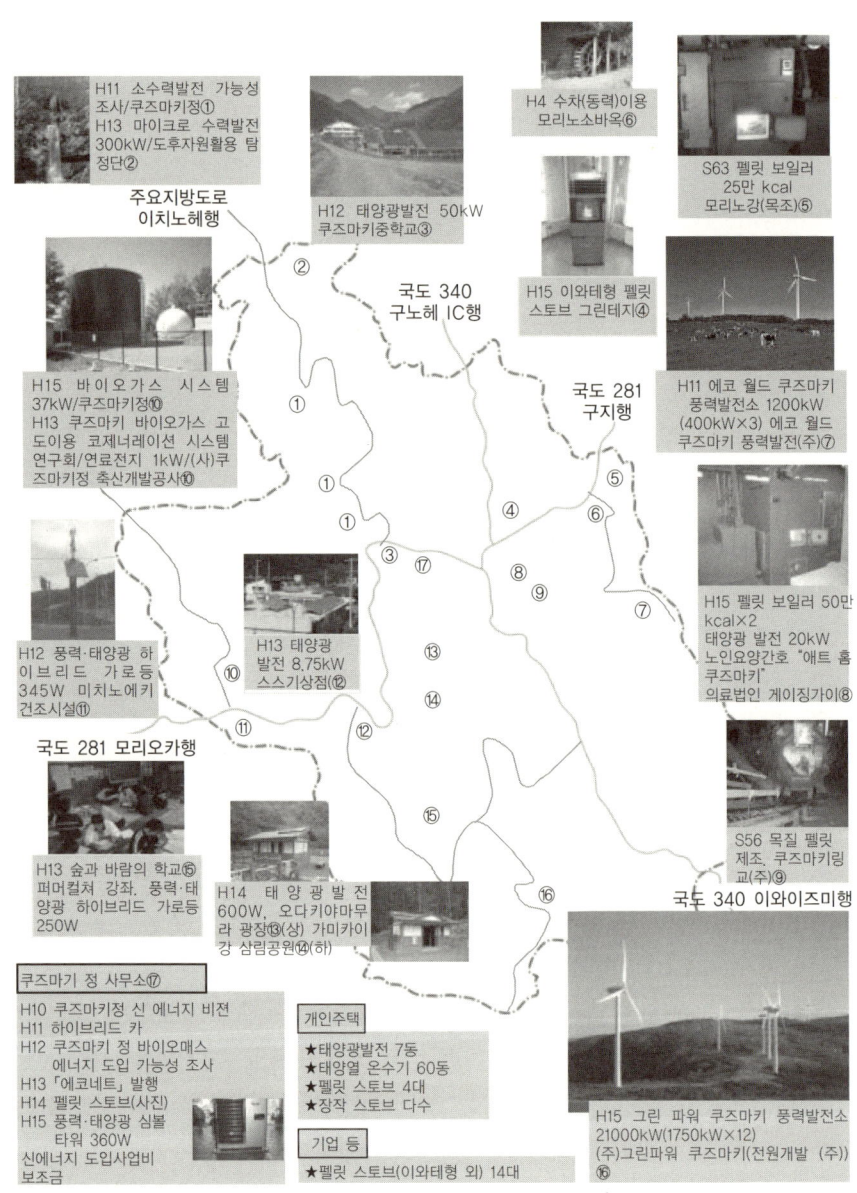

그림 9.10 쿠즈마키 신 에너지 맵

이때의 가스 엔진의 폐열은 발효조의 가온에 사용한다. 바이오가스 고도이용 코제너레이션 시스템에서는 소의 배설물로부터 메탄 가스를 얻어 탈황, 흡착한 후, 개질해서 수소를 얻어내는 것으로 연료전지의 연료로 하고 있다. 목질 바이오매스 가스화 열전병급 시스템에서는 펄프 원료의 목질 칩을 쪄서 목질 가스를 발생시키고, 가스 엔진에서 발전하는 것과 함께 열공급을 한다. 이들 시설에서 원료가 되고 있는 소의 배설물이나 목질 칩은 산업폐기물이라고 할 수 있지만, 훌륭히 재활용되어 유효한 에너지로 바꾸고 있다.

이 외에, 공공시설이나 개인주택에 태양광 발전 시스템이나 태양열 온수기, 펠릿 스토브, 펠릿 보일러, 마이크로 수력발전 등이 도입되고 있다. 땅에서 얻어지는 에너지 자원을 이용하는 것으로 쿠스마키정(町)의 에너지 자급률은 2003년 말에 78%가 되었다. 또한 더욱 더 폐기물 에너지를 이용하는 것과 에너지 절약 추진에 의해 에너지 자급률 100%를 목표로 하고 있다.

참고문헌

（1） Shinji WAKAO, et al.: Investigation of the Configuration of Autonomy-Enhanced PV Clusters for Urban Community, Technical Digest of PVSEC-15, vol. 1, p. 289（2005）

（2） 杉原裕征：集中連系型太陽光発電システムの実証研究の概要，太陽エネルギー，Vol. 30, No. 6, p. 3（2004）

（3） 齋藤武雄：分散型太陽熱発電, 太陽エネルギー, Vol. 31, No. 6, p. 34（2005）

（4） 大野二郎：太陽熱利用と建築デザイン，太陽エネルギー，Vol. 31, No. 6, p. 3（2005）

（5） 都留市役所ホームページ：http://www.city.tsuru.yamanashi.jp/

（6） 高野浩二：新エネルギー等地域集中実証研究について，太陽エネルギー，Vol. 30, No. 6, p. 11（2004）

（7） 八戸市ホームページ：http://www.city.hachinohe.aomori.jp/

（8） 浅井俊二：いわて葛巻町・バイオマス利用の実際と風力発電施設見学会報告，太陽エネルギー，Vol. 32, No. 1, p. 81（2006）

（9） 井田均：バイオマス・風力・太陽光で地域を活性化，Solar Systems, No. 103, p. 28（2006）

（10） 広報くずまき，平成 17 年 11 月 1 日号

（11） 葛巻町公式ウェブサイト：http://www.town.kuzumaki.iwate.jp/

（12） 小水力利用推進協議会編：小水力エネルギー読本，オーム社（2006）

찾아보기

ㅅ

태양 에너지 이용기술

원 제 | 太陽エネルギ-利用技術

2012년 4월 20일 초판 1쇄 인쇄
2012년 4월 30일 초판 1쇄 발행

저 자 | 일본태양에너지학회
번 역 | 김필호
펴낸곳 | BM 성안당
주 소 | 경기도 파주시 문발로 112
전 화 | 031-955-0511
팩 스 | 031-955-0510
등 록 | 1973. 2. 1. 제13-12호
홈페이지 | www.cyber.co.kr

ISBN 978-89-315-2396-6
정가 18,000원